Shashi Prakash

Micro-maquinação subaquática com laser Nd:YAG em polimetacrilato de metilo

Shashi Prakash

Micro-maquinação subaquática com laser Nd:YAG em polimetacrilato de metilo

ScienciaScripts

Imprint

Any brand names and product names mentioned in this book are subject to trademark, brand or patent protection and are trademarks or registered trademarks of their respective holders. The use of brand names, product names, common names, trade names, product descriptions etc. even without a particular marking in this work is in no way to be construed to mean that such names may be regarded as unrestricted in respect of trademark and brand protection legislation and could thus be used by anyone.

Cover image: www.ingimage.com

This book is a translation from the original published under ISBN 978-3-330-34727-4.

Publisher:
Sciencia Scripts
is a trademark of
Dodo Books Indian Ocean Ltd. and OmniScriptum S.R.L publishing group

120 High Road, East Finchley, London, N2 9ED, United Kingdom
Str. Armeneasca 28/1, office 1, Chisinau MD-2012, Republic of Moldova, Europe
Printed at: see last page
ISBN: 978-620-7-93251-1

Índice

Capítulo 1: Introdução

1.1 Introdução à maquinagem por laser:

A ideia de cortar com luz tem agradado a muitos desde a primeira vez que queimaram papel num dia de sol com a ajuda de uma lupa. O corte a laser é atualmente a aplicação industrial mais comum do laser e cerca de 80% dos lasers industriais são utilizados desta forma em todo o mundo. Para além do fascínio, que raramente é uma força motriz para o investimento na indústria pesada, a razão é, muito provavelmente, que no corte existe uma substituição direta do processo num mercado estabelecido e o laser, em muitos casos, consegue cortar mais rapidamente e com uma qualidade mais elevada do que os processos concorrentes. Como resumo, as vantagens podem ser enumeradas nas seguintes linhas:

1. O corte pode ter uma largura de corte muito estreita, o que permite uma poupança substancial de material.

2. As arestas de corte podem ser quadradas e não arredondadas como na maioria dos processos de jato quente ou noutras técnicas de corte térmico.

3. O bordo de corte pode ser liso e limpo. O corte é considerado um corte acabado, não necessitando de qualquer limpeza ou tratamento posterior.

4. A aresta cortada está suficientemente limpa e pode ser diretamente soldada de novo.

5. Não há rebarbas nos bordos, como acontece com as técnicas de corte mecânico. A aderência da escória pode geralmente ser evitada.

6. Existe uma ZTA (Zona Afetada pelo Calor) muito estreita, particularmente em cortes sem escórias. Normalmente, existe uma camada resolidificada muito fina de dimensões micrónicas. Assim, a distorção é insignificante.

7. Podem ser efectuados cortes cegos em alguns materiais,

nomeadamente nos que se volatilizam, como a madeira ou o acrílico.

8. A profundidade de corte é limitada e depende da potência do laser. 10-20mm é a gama atual para cortes de alta qualidade.

9. É um dos processos de corte mais rápidos.

10.   A peça de trabalho não precisa de ser fixada, embora isso seja normalmente

   aconselhável para evitar deslocações com a aceleração da mesa e para

   a localização quando se utiliza um programa CNC.

11.   O desgaste da ferramenta é zero, uma vez que o processo é um processo de corte sem contacto.

12.   Os cortes podem ser efectuados em qualquer direção.

13.   O nível de ruído é baixo.

14.   O processo pode ser facilmente automatizado com boas perspectivas de

   controlo adaptativo no futuro.

15.   As mudanças de ferramenta são principalmente "suaves". Ou seja, apenas são programadas

   alterações. Assim, o processo é altamente flexível.

16.   Alguns materiais podem ser cortados em pilha, mas pode haver um problema com

   soldadura entre camadas.

17.   Quase todos os materiais podem ser cortados. Podem ser friáveis, quebradiços, eléctricos

   condutores ou não condutores, duros ou moles. Apenas os materiais

   altamente reflectores, como o alumínio e o cobre, podem constituir um

   problema, mas com um controlo adequado do feixe, estes podem ser

   cortados de forma satisfatória.

A fonte de energia na maquinagem a laser é um laser (Amplificação da Luz por Emissão Estimulada de Radiação). A energia ótica de alta densidade incide na superfície da peça de trabalho e o material é removido por fusão, dissociação/decomposição (a quebra de ligações químicas provoca a dissociação/decomposição do material), evaporação e expulsão do material da área de interação laser-material.

Os lasers podem substituir os métodos mecânicos de remoção de material em várias aplicações de engenharia devido às suas características mais salientes:

I. Processo sem contacto: A transferência de energia do laser para o material através da irradiação elimina as forças de corte, o desgaste da ferramenta e a vibração da máquina. Além disso, a taxa de remoção de material não é afetada pela força máxima da ferramenta, pela vibração da ferramenta ou pela formação de arestas postiças, mas pode ser controlada através da variação dos parâmetros de processamento do laser, tais como a energia de entrada e a velocidade de processamento.

II. Processo térmico: A eficiência da maquinagem a laser depende das propriedades térmicas e, em certa medida, das propriedades ópticas do material. Isto torna os materiais duros ou quebradiços, como as cerâmicas estruturais com baixa difusividade e condutividade térmica, adequados para maquinagem.

III. Processo flexível: Em combinação com um sistema de posicionamento multieixos ou um robot, os lasers podem ser utilizados para perfuração, corte, ranhura, soldadura e tratamento térmico na mesma máquina, sem qualquer necessidade de transportar as peças para as processar com máquinas especializadas. A monitorização durante o processo de maquinação a laser pode permitir a medição de parâmetros-chave e atingir um elevado nível de reprodutibilidade.

Processo de maquinagem	Parâmetros que influenciam a economia				
	Investimento de capital	Ferramentas / acessórios	Requisitos de energia	Eficiência de remoção	Desgaste da ferramenta
Maquinação convencional	Baixa	Baixa	Baixa	Muito baixo	Baixa
Maquinação por ultra-sons	Baixa	Baixa	Baixa	Elevado	Médio

Maquinação eletroquímica	Muito elevado	Médio	Médio	Baixa	Muito baixo
Maquinação química	Médio	Baixa	Elevado	Médio	Muito baixo
Maquinação por descarga eléctrica	Médio	Elevado	Baixa	Elevado	Elevado
Maquinação por arco de plasma	Muito baixo	Baixa	Muito baixo	Muito baixo	Muito baixo
Maquinação a laser	Médio	Baixa	Muito baixo	Muito elevado	Muito baixo

Tabela 1.1; comparação económica relativa de diferentes processos de maquinagem

A Tabela 1.1 mostra a comparação económica relativa de diferentes processos de maquinação com a maquinação a laser. É evidente que a única desvantagem associada à maquinagem a laser é o seu elevado custo inicial.

1.2 Micromaquinagem e suas aplicações

A microusinagem é, de facto, a remoção do material sob a forma de aparas ou detritos com um tamanho na ordem dos microns (1µm-500µm).

O sucesso da microengenharia advém da miniaturização e dos seus méritos: elevada sensibilidade, tempo de medição curto, baixo consumo de energia, boa estabilidade, elevada fiabilidade e auto-calibração e ensaio. As aplicações mais comuns da microusinagem são as indústrias médica e eletrónica. Os processos de litografia, que eram utilizados para a criação de microfabricados, estão agora a ser substituídos pelos seus homólogos não convencionais, devido à elevada eficácia e ao menor consumo de tempo destes últimos processos.

Dispositivos de canal microfluídico: A miniaturização dos dispositivos analíticos tem sido uma tendência constante para melhorar o desempenho das ferramentas analíticas. Os microdispositivos tornam possíveis muitos tipos diferentes de análise, incluindo cromatografia, eletroforese e estudos de ADN. Estes microdispositivos reduzem o consumo de amostras, o custo e o tempo de obtenção de resultados, para além de proporcionarem um melhor desempenho e portabilidade. Anteriormente, estes microdispositivos eram feitos de silício e vidro, mas os polímeros têm algumas vantagens e têm-se tornado cada vez mais populares como material alternativo. Neste projeto, tentou-se fabricar um canal microfluídico deste tipo em PMMA (poli(metacrilato de metilo)). A Tabela 1.2 mostra as relações de vários factores com diferentes precisões.

1.3 Micromaquinagem a laser

A micro-maquinação por laser é uma técnica de processamento de materiais que utiliza lasers para induzir a vaporização gerida de modo a obter a forma geométrica e as ablações dimensionais necessárias à microescala. Apesar de a micro-maquinação por laser ser um processo de fabrico tecnicamente complicado, os trabalhos de investigação permitiram o fabrico de componentes precisos, lisos e limpos a alta velocidade. A microusinagem a laser é utilizada para muitas aplicações de microusinagem nos domínios das telecomunicações, corte de vidro, microssensores, micro-via, bicos de impressora a jato de tinta, perfuração de cateteres biomédicos, gravação de películas finas, canais microfluídicos para análise de sangue/proteínas, sensores ópticos de vibração, armazenamento de dados binários tridimensionais e fabrico de novidades. Há uma procura crescente de peças com características à escala micro e meso no domínio dos semicondutores, dos dispositivos biomédicos e da ótica. Tendo em conta esta procura, estão a ser utilizadas no microfabricação várias técnicas, como a microusinagem mecânica (micro-ranhuras, micro-fresagem), a microusinagem por feixe de iões focalizados e a microusinagem por laser. A microusinagem a laser é uma técnica relativamente nova e proporciona uma maior flexibilidade na conceção dimensional dos microprodutos, podendo produzir canais com profundidade e largura de corte inferiores a 100 micrómetros. Os lasers Nd:YAG são mais utilizados do que os lasers de CO_2 devido à sua elevada densidade de energia e ao seu pequeno ponto de focagem. A remoção de material na microusinagem a laser ocorre principalmente por fusão e evaporação. A procura crescente de plásticos para diferentes aplicações exige novas tecnologias de maquinagem com elevada precisão e eficiência. No entanto, não foram encontrados na literatura estudos pormenorizados sobre a física subjacente à microusinagem de plásticos por laser. Os problemas comuns associados à microusinagem convencional são o desgaste da ferramenta e os danos induzidos pela força nos componentes de plástico. Estes problemas podem ser adequadamente resolvidos utilizando o amolecimento térmico por uma fonte de calor laser durante a micro-usinagem.

Exatidão	Mecanismo de maquinagem	Equipamentos de processamento ou máquinas-ferramentas	Elementos da máquina-ferramenta, do lançamento da peça e do sistema de controlo	Material da ferramenta	Medição
>0,1mm	Deformação plástica, corte de metais	Torno, fresagem, perfuração	Mecanismo de retorno rápido, motor de indução	HSS, aço para ferramentas	Escala Vernier
0,1 mm a 10 µm	Deformação plástica, fratura frágil	Torno de precisão, retificação, afiação, lapidação	Fuso de esferas, rolo, guias, engrenagens de precisão, servomotor AC, motor passo a passo	Carboneto, super liga	Micrómetro, relógio comparador, comparador mecânico
10 µm a 1 µm	EDM, ECM, máquinas de retificação de precisão, fotolitografia	Máquinas de precisão para retificação, esmerilagem, perfuração e superacabamento	Chumaceira hidrostática, chumaceira pneumática, servomotor de corrente contínua, CNC, unidades codificadoras, controladores lógicos, controladores ópticos, servo-bloqueio	Grãos abrasivos (AlO3, SiO2, BC3)	Micrómetro eletrónico ou pneumático, comparador ótico
1 µm a 0,1 µm	µ-EDM, ECMM, LBM, AJM, deposição em vácuo, deposição química de vapor, litografia ultravioleta	Retificação de precisão, torno diamantado de precisão, ponto único. Ferramenta de corte de diamante	Rolamento pneumático de precisão, servomotor DC de precisão, controlo adaptativo com microprocessador	Grãos abrasivos (CBN, PCD, NCD)	Balança ótica ou magnética, comparadores electrónicos (tipo sem contacto)

0,1 μm a 0,01 μm	EEG, ELID, ECG, litografia EB	Retificação de precisão, retificação de ultraprecisão	Actuadores electromagnéticos para movimento linear, guias finas electrostáticas, servomotores DC de alta precisão, controlados por computador	Abrasivos reactivos, líquidos, iões, lasers, raios X, electrões	Instrumentos de medição laser, fibra ótica para medição, tally surf
0,01pm a 0,001 μm	Gravura reactiva, gravura com feixe de iões, gravura com salpicos, maquinagem com feixe de diamante focalizado	Litografia por feixe de electrões, retificação de super alta precisão	Actuadores piezoeléctricos, transdutores electrostrictivos, transdutores magnetostrictivos, computador eletrónico de alta velocidade, máquina sem vigilância	Átomos, electrões, iões activos, iões reactivos	Instrumentos de medição laser de alta precisão, inferómetro laser, microscópio de medição, SEM
>0,001μm	Deposição de iões, síntese de superfícies	Maquinação por feixe de átomos, moléculas ou iões	Controlo digital	Iões, força magnética	SEM, TEM, AFM

TABELA 1.2 Relações de vários factores com diferentes precisões de maquinagem

A microusinagem a laser baseia-se na interação da luz laser com matéria sólida. Como resultado de um processo complexo, pequenas quantidades de material podem ser removidas da superfície do sólido. Podem ser identificados dois fenómenos diferentes: processos pirolíticos (térmicos) e fotolíticos. Em ambos os casos, são aplicados impulsos laser curtos a ultra-curtos para remover pequenas quantidades de material de forma controlada. Os processos pirolíticos baseiam-se num ciclo térmico rápido, aquecimento, fusão e evaporação (parcial) do volume aquecido. No caso dos processos fotolíticos, a energia dos fotões é suficiente para quebrar diretamente as ligações químicas numa grande variedade de materiais. É aplicado principalmente em polímeros através da utilização de lasers ultravioleta em comprimentos de onda de 157 a 351 nm. Uma vez que a energia do fotão é convertida diretamente na quebra de ligações químicas, não existe praticamente nenhuma interação térmica com o próprio produto. Os produtos da reação escapam sob a forma de gás ou de pequenas partículas. A microusinagem a laser inclui uma vasta gama de processos em que o material é removido com precisão, mas o termo é também utilizado para descrever processos como a micro união e o micro ajuste por feixe laser. A maioria das aplicações encontra-se na indústria eletrónica, em produções de grande volume. As primeiras aplicações industriais ocorreram na década de 1960, no corte de ranhuras de acabamento em resistências convencionais e na perfuração de pequenos orifícios em diamantes. Na década de 1970, a soldadura por pontos a laser foi aplicada à produção de lâmpadas e peças de monitores de televisão. A década de 1980 assistiu ao início da microfresagem a laser e da ablação a laser com lasers excimer, enquanto na década de 1990 o microajuste a laser foi desenvolvido para utilização na indústria. Com o desenvolvimento de novos lasers, como os lasers pulsados ultracurtos e os microlasers passivos de Q-switched, continuam a surgir novas aplicações. O desenvolvimento de características mais pequenas está ainda em curso. Desde o início da tecnologia laser no século XX, tem-se observado uma redução do tamanho por um fator de dois em cada sete anos.

1.4 Aplicações do feixe de laser na microusinagem

A maquinação por feixe laser está agora a receber reconhecimento da sua importância devido a algumas das suas vantagens específicas, que podem ser exploradas durante a operação de microusinagem. De acordo com o fenómeno de maquinação, os processos de microusinagem foram classificados nas seguintes categorias: remoção por força mecânica, fusão e vaporização, ablação, dissolução, deformação plástica, solidificação, laminação e recomposição. Embora existam vários tipos de processos de microusinagem a laser, apenas alguns deles são aqui abordados.

1.4.1 Micro-corte a laser

O corte micro-mecânico é um método para criar dispositivos e componentes em miniatura com características que variam entre dezenas de micrómetros e alguns milímetros de dimensão. Embora o processo de micro-corte mecânico possa não ser capaz de obter as dimensões mais pequenas das características utilizadas nos processos litográficos, os processos de corte mecânico são muito importantes para fazer a ponte entre o macro-domínio e os nano e micro-domínios para o fabrico de componentes funcionais. Isto é especialmente verdadeiro para o fabrico de microestruturas complexas que requerem uma variedade de materiais, interfaces e formas funcionais para formar microssistemas que funcionem no macrodomínio. O princípio do micro-corte é semelhante ao das operações de corte convencionais.

1.4.2 Microperfuração a laser

A microperfuração a laser destina-se a produzir microfuros em quase todos os materiais. Estas técnicas patenteadas, juntamente com as escolhas mais adequadas de laser para o trabalho, permitem-nos produzir bicos, etc., com uma precisão de diâmetro muito elevada e conicidade controlada para uma grande variedade de aplicações. O sistema e os serviços têm sido utilizados para o fabrico de componentes de injeção de combustível, cartões de sondas verticais, produtos de inaladores de dose medida, orifícios e fendas para instrumentação científica, bicos de impressoras de jato de tinta, detectores, sensores, circuitos de alta resolução, células de combustível, interligações de fibras ópticas e dispositivos médicos. Experiência em microperfuração de todos os metais, cerâmicas, diamante, silício e outros semicondutores, polímeros, vidro e safira, utilizando sistemas industriais visíveis e UV. Quando os volumes crescem acima do nível em que a produção subcontratada é económica, os sistemas de micro maquinação incorporam todas as lições aprendidas durante o desenvolvimento do processo e o aumento de escala.

1.4.3 Marcação por laser

A marcação a laser proporciona uma combinação única de velocidade, permanência e versatilidade. Esta tecnologia pode gerar poupanças consideráveis na redução dos custos de fabrico e de ferramentas, na eliminação de processos secundários e de material de consumo, e na redução do inventário e do tempo de inatividade para manutenção. A técnica tem sido amplamente utilizada na produção de caracteres alfanuméricos indeléveis e legíveis e de logótipos para identificação e rastreabilidade de produtos na indústria de semicondutores. A marcação a laser é essencialmente um processo térmico que utiliza um feixe de alta intensidade de luz laser focada para criar uma marca contrastante na superfície do material. A marcação orientada por feixe utiliza espelhos montados em galvanómetros de alta velocidade, controlados por computador, para dirigir o feixe laser através das superfícies alvo.

1.4.4 Limpeza do laser

As tecnologias laser têm demonstrado uma aplicação muito promissora para fins de restauro na conservação de arte, limpeza por laser de pedras, metais, pinturas, papel, etc. A origem deste sucesso é o elevado controlo da remoção de material deteriorado, explorando, caso a caso, as características intrínsecas da ablação por laser. A limpeza a laser é um bom candidato para esta tarefa. As características mais importantes são

☞A limpeza a laser é essencialmente um tratamento de superfície, em que apenas uma camada fina limitada a alguns mícrons ou inferior a um mícron está diretamente envolvida pela absorção de luz, enquanto o método químico geralmente perfunde com solvente camadas internas sem controlo.

☞O limiar de ablação de materiais de elevada absorção (incrustações negras, por exemplo) é inferior ao de materiais de baixa absorção (pedra de cor clara, por exemplo), pelo que é possível uma remoção selectiva sem problemas de preservação das camadas históricas. As técnicas laser são a solução ideal para vários problemas de restauro em pedra e metais.

1.5 Vantagens da microusinagem a laser em relação a outros processos de microusinagem

☽Nos processos de maquinagem EDM, WEDM e WAJM, é necessário um tipo especial de ferramenta, fio e bocal, respetivamente, mas o laser não necessita de ferramentas de corte dispendiosas. Assim, a fixação e a troca de ferramentas, etc., também não são necessárias.

☽A maquinagem é praticamente independente da dureza ou rigidez do material.

☽O laser não produz força mecânica que possa danificar peças de trabalho finas ou delicadas.

☽A microusinagem a laser é um processo flexível e tem a capacidade de processar quantidades e qualidades variáveis de materiais num período de tempo muito curto, com um acabamento superficial muito elevado, precisão e uma quantidade mínima de desperdício.

1.6 Maquinação laser subaquática

No início dos anos 80, descobriu-se que muitos polímeros podiam ser gravados de forma precisa e limpa no ar ou no vácuo por diferentes impulsos de laser. No entanto, o problema básico da grande zona afetada pelo calor continuava a existir. Além disso, a remoção do material de reposicionamento apresentava alguns problemas relativamente ao tempo de maquinação mais reduzido. Assim, a ideia de maquinação num único passo começou com o advento da maquinação subaquática que produz soluções para os muitos problemas. No entanto, a tarefa real era difícil e desafiadora e muitas pesquisas ainda estão em andamento em diferentes partes do globo sobre usinagem a laser subaquática. Nos últimos anos, realizou-se muita investigação sobre a perfuração subaquática, mas a área da microusinagem está quase intocada devido à falta de profissionais qualificados, à insuficiência de equipamentos de medição precisos, etc. Neste projeto, a área da microusinagem subaquática a laser foi investigada e comparada com a microusinagem a laser no ar.

O tipo de interação entre o feixe laser e o material a ser ablacionado depende não só das propriedades termo-ópticas do material de trabalho para uma dada irradiação laser (comprimento de onda), mas também da escolha adequada dos parâmetros laser utilizados (comprimento de onda, energia de impulso, duração do impulso, densidade de energia). A ablação por laser de materiais plásticos provou ser uma ferramenta promissora e poderosa para aplicações de microusinagem, como o fabrico de dispositivos microfluídicos, sistemas micro-electro-mecânicos (MEMS) e nos domínios médico e biomédico. Um requisito importante na microusinagem de materiais plásticos é a produção de uma superfície maquinada de alta qualidade, que no caso habitual é rodeada pela redeposição de material fundido ou detritos que têm de ser subsequentemente removidos por outros métodos. Uma alternativa seria a sua remoção durante o próprio processo. Isto pode ser conseguido através da maquinagem a laser debaixo de água, especialmente quando se maquinam materiais que são altamente sensíveis a tensões térmicas e mecânicas e onde os danos subsuperficiais têm de ser mínimos. Há ocasiões em que a peça a trabalhar durante o processamento a laser está em contacto com líquidos (por exemplo, em massas de água naturais, reactores nucleares, furos, etc.); a peça pode conter líquido no seu estado normal (por exemplo, humidade em materiais de construção, madeira, papel) ou o líquido pode ser aplicado à peça para melhorar o processamento ou para obter qualquer outro efeito útil. Muitas vezes, o líquido presente é a água, por ser o mais abundante e seguro.

Para além da água, são utilizados cerca de 70 outros líquidos no processamento de materiais por laser, na sua maioria solventes orgânicos. No processamento de alta energia relativo ao peening, sem exceção, a água é utilizada como o líquido mais seguro e mais barato; no microprocessamento (microusinagem, geração de partículas), os solventes orgânicos são frequentemente a escolha. Também têm sido utilizados metais líquidos (por exemplo, Hg, Ga) e sais fundidos (por exemplo, $NaNO_3$, KNO_3). O quadro 1.3

enumera os principais tipos de processamento laser assistido por líquidos (LALP)

As principais características do processamento subaquático de materiais são as seguintes: ✦ A soldadura subaquática a laser Nd:YAG está prevista para ser utilizada como uma das principais tecnologias de soldadura de reparação para instalações nucleares devido às suas características únicas, como a baixa entrada de calor e a flexibilidade para transportar energia. ✦ O processamento a laser subaquático pode reduzir muitos defeitos como microfissuras, tensões residuais, etc.

✦A maquinagem subaquática reduz o tamanho da ZTA.

✦Tanto a qualidade como a eficiência dos processos podem ser significativamente melhoradas.

Método	Quando utilizado	Interação luz-matéria necessária	Alterações desejadas na peça de trabalho
Líquido como guia de ondas ou lente	Concentração de luz sem elementos ópticos sólidos	Reflexão /refração /auto-focalização da luz no líquido	Diversos
Líquido como fotomáscara; gravação do lado posterior para materiais transparentes	O líquido adapta-se à superfície da peça de trabalho	Absorção de luz no líquido	Diversos
Processos fotoquímicos (oxidação, etc.)	O líquido serve como fonte de espécies químicas	Foto-ativação de líquidos	Fotoquímica
Remoção de partículas da superfície	Menor risco de danos na superfície	Vaporização de líquido apenas	Sem alterações

Geração de micro/nano partículas	Partículas mais limpas; não são utilizados produtos químicos adicionais, processo rápido e simples	Vaporização do líquido e da peça de trabalho	Vaporização
Processamento subtrativo (corte, perfuração, remoção de camadas de óxido, etc.)	Praticamente sem deposição de detritos na zona de trabalho; menor carga térmica na peça de trabalho	Vaporização do líquido e da peça de trabalho	Vaporização
Processamento de choques, (peening, enformação, densificação	Pressões de choque até 10 vezes maiores do que no gás ou no vácuo; mais simples e seguro do que no caso de meios de confinamento sólidos	Vaporização e ionização de líquido apenas	Deformação plástica

Quadro 1.3 Principais princípios físicos do processamento laser assistido por líquidos (por ordem crescente de acordo com o aumento da intensidade da interação laser-líquido)

1.7 Vantagens e desvantagens do processamento laser assistido por água

As vantagens e desvantagens do laser podem ser resumidas da seguinte forma: ❂ O transporte da luz é possível ao longo de um jato de água.

❂ Maior pressão do plasma devido ao confinamento.

❂ A convecção da água/evaporação do explosivo leva os detritos para longe.

❂ Arrefecimento mais eficaz da peça de trabalho e do material ejectado.

❂ Reacções químicas úteis com a água.

❂ Redução da poluição atmosférica por gases residuais e aerossóis.

❂Limiar de rutura ótica mais elevado do que no ar.

❂Tamanho do ponto focal mais pequeno.

Desvantagens do tratamento assistido por água

❂A luz é absorvida pela água (que também pode ser útil) e pelos detritos produzidos durante o processamento.

❂A luz pode ser dispersa pela superfície da água, suspensões e bolhas.

❂Perda de potência devido ao arrefecimento a água.

❂Reacções químicas nocivas com a água, fotólise da água que pode provocar o risco de explosão.

❂Processamento mais lento devido ao longo tempo de relaxamento do estado vaporizado da água.

❂Equipamento mais sofisticado.

❂ A água e o vapor são perigosos para a eletrónica.

❂Possível corrosão dos materiais

Capítulo 2: Revisão da literatura e objectivos da presente investigação

2.1 Revisão dos trabalhos de investigação anteriores

2.1.1 Maquinação a laser

Tunna et al. [9], (2001) investigaram o fenómeno de interação de impulsos de laser Nd:YAG bombeados por díodo comutado Q, utilizando 1064, 532 e 355 nm com uma folha de cobre puro de 0,25 mm de espessura, com uma intensidade de laser incidente de 0,5-57,9 GW/cm^2 . Para cada amostra, foram determinadas a taxa de corrosão e a estrutura da superfície. A análise dos resultados do teste incluiu microscopia eletrónica de varrimento (SEM). A taxa de corrosão máxima obtida para 1064 nm foi de $2.21\mu m$ por impulso, e para 355 nm, 6,68 µm por impulso. A diminuição drástica da taxa de corrosão foi observada durante o processamento a 1064 nm e pensou-se que ocorria devido à natureza altamente reflectora do cobre à medida que o comprimento de onda de interação aumentava, para além da natureza do plasma formado acima do material durante a interação do laser de alta intensidade com o material. O plasma transmitiu então energia à superfície da área processada, levando à fusão da superfície da área em redor do orifício.

Lim et al. [4], (2003) utilizaram um laser Nd-YAG de alto brilho, bombeado por díodo e com geometria de placa, para fabricar canais microfluídicos de múltiplos níveis em bolachas de silício. Foi utilizado um laser Nd-YAG de alto brilho bombeado por díodo com geometria de placa devido à sua excelente qualidade de feixe. Foram fabricados com êxito canais com paredes planas e cristas em forma de espinha de peixe escalonadas no chão. Também foi fabricado um microcanal com várias larguras e profundidades para gerar vasculaturas biomiméticas cujo diâmetro do canal se altera de acordo com a lei de Murray, que estabelece que o cubo do raio do vaso-mãe é igual à soma dos cubos dos raios das filhas. A capacidade de fabricar diretamente estruturas de vários níveis utilizando tecnologia laser relativamente simples aumenta a nossa capacidade de criar rapidamente protótipos de sistemas complexos de laboratório num chip e de desenvolver estruturas microfluídicas fisiológicas para engenharia de tecidos e investigações de problemas de fluidos biomédicos.

Choo et al. [21] (2004) estudaram a microusinagem de silício utilizando um laser de excímero KrF (λ = 248 nm) de pulso curto (FWHM = 25 ns) que gera energia laser na gama de 100-480 mJ. Foram efectuados testes de perfuração por ablação laser numa peça de silício, tanto no ar como debaixo de água. As superfícies perfuradas foram caracterizadas utilizando microscópios ópticos e electrónicos de varrimento convencionais, bem como um microscópio de interferência laser. Uma vez que a fluência do laser excede um determinado valor limite (1,7 J/cm^2), verificou-se que a profundidade de ablação aumenta rapidamente em relação à fluência do laser, sendo a variação não linear. Verificou-se também que a profundidade de ablação depende do número de impulsos, aumentando com o aumento do número de impulsos. As diferenças entre a ablação por laser na água e no ar são enumeradas.

Heng et al. [2], (2006) fabricaram um canal microfluídico numa folha de PMMA com 1,5 mm de espessura utilizando a técnica de escrita direta com um excimer laser de 248 nm. A influência da fluência do excimer laser na qualidade da microusinagem (profundidade do canal e rugosidade da superfície) foi também analisada. Na sua investigação, verificou que uma maior fluência do laser resulta num aumento da profundidade do canal e da rugosidade da superfície. Também investigou que o processamento de polimento com excimer laser é favorável para a melhoria da rugosidade da superfície. No entanto, o polimento excessivo gera uma faixa ténue na borda do canal e piora a rugosidade da superfície. Na sua experiência, utilizaram uma folha de PMMA com uma espessura de 1,5 mm e uma máquina de excimer laser com um comprimento de onda de emissão de 248 nm, uma energia máxima de 1200 mJ por impulso e uma frequência de repetição máxima de 50 Hz. Visualizaram o canal microfluídico com um perfilador de superfície 3-D sem contacto e analisaram e simularam os dados com a ajuda de um software. Verificaram que a fluência do laser é um fator decisivo para a rugosidade da superfície do canal microfluídico. Com o aumento da fluência do laser, a profundidade e a rugosidade da superfície do canal microfluídico aumentam.

Masmiati e Philip [3], (2007) realizaram investigações experimentais para descobrir as gamas óptimas de parâmetros para a perfuração de polímeros utilizando uma máquina de corte a laser de dióxido de carbono. Seleccionaram alguns factores importantes que podem afetar o processo de perfuração para o estudo de três polímeros diferentes. As experiências foram planeadas utilizando o método de Taguchi. Foi utilizada a matriz ortogonal L9 para realizar as experiências com quatro factores e três níveis de cada fator. Realizaram o seu estudo com um laser de dióxido de carbono de 500 W utilizando o modo de funcionamento pulsado. Sugeriram que, para a circularidade do furo, os factores que desempenham um papel significativo são o número de impulsos, a distância de afastamento, a pressão do gás e o diâmetro do bocal. Se a distância entre a ponta do bocal do gás de assistência e a superfície do material for maior, a pressão do gás não pode gerar um diâmetro de entrada maior. Descobriram que a combinação correcta de parâmetros desempenha um papel importante na obtenção de furos de boa qualidade.

Singh e Melkote [8], (2007) na sua investigação apresentaram a caraterização experimental de um novo processo híbrido de microusinagem assistida por laser (LAMM) concebido para micro-ranhuras 3D que envolveu o amolecimento térmico altamente localizado de material duro através da focalização de um feixe de laser de onda contínua de estado sólido em frente de uma ferramenta de corte em miniatura. Foram efectuadas experiências de micro-ranhuras em aço para moldes H-13, a fim de compreender a influência das variáveis do laser e dos parâmetros de corte nas forças de corte, na profundidade das ranhuras e no acabamento da superfície. Os resultados mostraram que as variáveis do laser influenciaram significativamente a resposta do processo. Especificamente, verificou-se que a força de impulso média diminuiu 17% e a rugosidade média da superfície 3-D aumentou 36% quando a potência do laser foi aumentada de 0-10W. Verificou-se que a profundidade das ranhuras é influenciada pela deflexão da máquina (fase) e pela expansão térmica da ferramenta, que afectam a profundidade real do corte, na presença do aquecimento do laser.

Tiaw, et al. [6], (2008) utilizaram o laser Nd:YAG de estado sólido bombeado por díodo de terceira harmónica (DPSS) para obter cortes de precisão de alta qualidade de películas finas de polímero através de microperfuração e micro-corte, bem como a modelação da superfície de microcanais através de varrimento direto do feixe. Foram utilizadas diferentes espessuras de películas termoplásticas para produzir os elementos processados e as avaliações de qualidade dos microelementos foram caracterizadas por microscopia ótica e eletrónica de varrimento.

Chen et al. [7], (2008) investigaram sistematicamente a microusinagem a laser ultravioleta próximo e a laser UV médio. Os materiais utilizados na sua investigação foram a safira, o silício e os vidros Pyrex, que são habitualmente utilizados em aplicações microfluídicas. O corte, a marcação e a ablação da superfície desses materiais foram produzidos por escrita direta utilizando um feixe galvanomecânico x-y de alta velocidade posicionado. Os resultados mostraram que tanto a taxa de ablação como a precisão da microusinagem a laser dependem de vários factores, incluindo o comprimento do foco, a taxa de alimentação do feixe (velocidade de corte), a taxa de repetição de impulsos e o coeficiente de absorção dos materiais. Descobriram também que o processo de ablação por laser destes materiais pode ser uma mistura de processos fototérmicos e fotoquímicos quando se utiliza um laser de impulsos de quase nanossegundos. O processo de microusinagem por laser UV (355 nm), no entanto, parece ser dominado por um processo fototérmico do que os do laser UV médio (255 nm).

Samant e Dahotre [16], (2008) investigaram a maquinagem de alumina utilizando um laser Nd:YAG pulsado JK 701. Foi desenvolvido um modelo hidrodinâmico de maquinagem que incorporou os efeitos de reflexões múltiplas na quantidade de energia laser absorvida, os efeitos térmicos para a fusão do material, o efeito da pressão de vapor para expulsar o material fundido, as perdas de material devido à evaporação e o efeito inverso da tensão superficial na profundidade expelida. O modelo também incorporou o efeito transitório da desfocalização do feixe laser devido à alteração da profundidade maquinada em função do material expelido durante a maquinação, para uma estimativa precisa da profundidade fundida durante cada impulso. Observou-se que a remoção de material era a combinação dos processos de expulsão e evaporação do material fundido. O modelo desenvolvido seria uma excelente ferramenta para prever antecipadamente a energia térmica total e o tempo necessário para a remoção e/ou maquinagem da profundidade de material desejada.

Elaboudi et al. [17], (2008) estudaram a cinética de fotoablação do poli(tereftalato de etileno) (PET), policarbonato (PC), polimida (PI) e poliestireno (PS) no ar e na água. Destacaram a diminuição do limiar de ablação (AT), em comparação com os resultados obtidos no ar, em contacto com a água em função da estrutura química do polímero. A fim de verificar a reação hidrolítica esperada dos poliésteres perto do limiar de ablação, a modificação química das superfícies dos polímeros, bem como a composição dos produtos de ablação, foram investigadas após irradiação perto da fluência do limiar de ablação no ar (ar-Ft) por fotoelectrões-espetroscopia de raios X (XPS) e microspectroscopia Raman confocal. A morfologia dos polímeros obtidos por irradiação subaquática e perto do ar-Ft foi também examinada por microscopia eletrónica de varrimento (SEM). Para compreender o processo e a sua dinâmica em contacto com a água, foi considerado o modelo de temperatura na interface polímero-água baseado na condição semi-analítica da equação de difusão de calor em trânsito.

A. Issa et al. [18], (2008) estudaram e fabricaram microcanais na superfície de folhas de vidro de cal sodada utilizando um laser de CO_2 de 1,5 kW com um comprimento de onda de 10,6μ^ι. Foi desenvolvido um modelo térmico do processo baseado na condução de calor transiente devido a uma entrada de calor pulsada. A equação resultante previa a distribuição da temperatura nas regiões em torno do foco do laser. As curvas de temperatura e tempo foram desenhadas a partir dessas equações, que foram úteis para estimar o historial térmico das amostras processadas. A distribuição da temperatura foi também utilizada para prever a geometria do canal (com base na temperatura de vaporização do vidro). A maior parte da potência laser utilizada foi consumida para levar o vidro à temperatura de vaporização. O modelo foi capaz de prever a largura, profundidade e rugosidade da superfície do canal. Estas características do canal fabricado a laser foram medidas e comparadas com os resultados obtidos a partir do modelo térmico. A potência do laser, a frequência, a largura do impulso e a velocidade de translação foram os parâmetros de controlo em ambos os estudos; assim, foi estabelecida uma comparação direta entre o modelo e os resultados experimentais.

Samant e Dahotre [10], (2009) desenvolveram um modelo matemático para a maquinagem a laser Nd:YAG da cerâmica de magnésia para prever os efeitos da maquinagem. O modelo teve em conta os fenómenos físicos que ocorrem durante a maquinagem da cerâmica, tais como reflexões múltiplas que influenciam a energia laser absorvida, efeitos térmicos na vaporização do material, perdas de energia de dissociação e efeito da pressão de vapor na produção de uma cavidade através da cerâmica. A fluência do laser, o tempo de maquinação e o número de impulsos necessários para maquinar uma determinada profundidade da cavidade e a eficiência da maquinação em termos da profundidade de maquinação específica foram estimados e comparados com os dados experimentais, tornando assim o modelo útil para previsões antecipadas de energia e melhoria da eficiência da maquinação.

Stournaras et al. [12] investigaram experimentalmente a qualidade do corte a laser para a liga de alumínio AA5083, com a utilização de um sistema de corte a laser de CO_2 pulsado de 1,8 kW. A qualidade do corte foi monitorizada através da medição da largura do corte, da rugosidade da aresta e do tamanho da zona termicamente afetada (ZTA). Este trabalho teve como objetivo avaliar os parâmetros de processamento, tais como a potência do laser, a velocidade de varrimento, a frequência de pulsação e a pressão do gás, para o corte a laser de ligas de alumínio. Foi realizada uma análise estatística dos resultados para que fosse determinado o efeito de cada parâmetro na qualidade do corte. A análise de regressão foi utilizada para o desenvolvimento de modelos empíricos capazes de descrever o efeito dos parâmetros do processo na qualidade do corte a laser.

Karazi et al. [13], (2009) desenvolveram quatro modelos para a previsão das dimensões de largura e profundidade de micro canais formados por laser de CO_2 em vidro. Foi construído um modelo de conceção estatística de experiências (DoE) de 3^3 e conduzido com a potência (P), a frequência de repetição de impulsos (PRF) e a velocidade transversal (U) da máquina laser como parâmetros seleccionados para investigação. Também foram criados três modelos de redes neurais artificiais (RNA) de retropropagação e avanço. Estes modelos ANN foram variados para investigar a influência de variações no número e na seleção dos dados de treino. O modelo A foi construído com 24 dados seleccionados aleatoriamente a partir dos resultados experimentais, deixando três pontos de dados para teste; o modelo B foi construído com os oito pontos de canto do espaço de dados experimentais e sete outros dados seleccionados aleatoriamente, deixando doze pontos de dados para teste; e o modelo C foi construído com 15 dados seleccionados aleatoriamente, deixando 12 pontos de dados para teste. Estes modelos foram desenvolvidos separadamente para a previsão da largura e da profundidade do microcanal. Estes modelos ANN foram desenvolvidos em LabVIEW. O desempenho destes modelos ANN e do modelo DoE foi comparado. Quando comparados com os resultados reais, dois dos modelos ANN apresentaram um erro percentual médio superior ao do modelo DoE. O outro modelo ANN mostrou uma capacidade de previsão melhorada que foi aproximadamente duas vezes melhor do que a fornecida pelo modelo DoE.

Choudhury e Shirley [5], (2010) efectuaram uma investigação experimental sobre o corte de materiais poliméricos. Na sua investigação, o corte a laser CO_2 de três materiais poliméricos, nomeadamente polipropileno (PP), policarbonato (PC) e polimetacrilato de metilo (PMMA), é investigado com o objetivo de avaliar o efeito dos principais parâmetros de entrada (potência do laser, velocidade de corte e pressão do ar comprimido) na qualidade do corte a laser de diferentes polímeros. As características de qualidade de saída examinadas foram a zona afetada pelo calor, a rugosidade da superfície e a precisão dimensional. Foram realizados doze conjuntos de experiências para cada polímero, com base no desenho composto central. Foram desenvolvidos modelos de previsão utilizando a metodologia de superfície de resposta. Foram apresentados modelos de resposta de primeira ordem para a ZTA e a rugosidade da superfície e a sua adequação foi testada por análise de variância (ANOVA). Verificou-se que a resposta é bem modelada por uma função linear dos parâmetros de entrada. Foram gerados contornos de superfície de resposta da ZTA e da rugosidade da superfície. Foram apresentados modelos matemáticos na investigação que estimam a ZTA e a rugosidade da superfície para vários parâmetros de entrada do corte a laser. A precisão dimensional do corte a laser em polímeros foi examinada através do desvio dimensional do valor real em relação ao valor nominal. A partir da análise, observou-se que o PMMA tem menos HAZ, seguido do PC e do PP. Relativamente à rugosidade da superfície, o PMMA apresenta uma melhor qualidade da superfície da aresta de corte do que o PP e o PC. No entanto, os três materiais poliméricos apresentaram uma tendência semelhante de erros de diâmetro, apesar das diferentes propriedades do material.

Chung e Lin [22] (2010) aplicaram o método de processamento a laser assistido por líquido (LALP) para reduzir o gradiente de temperatura, as protuberâncias e a região da zona afetada pelo calor (HAZ) para obter furos maquinados em vidro sem fissuras. Os diâmetros nominais dos círculos de 100 a 200 µm foram desenhados para o teste de maquinagem de vidro. A gravação de vidro através de furos pode ser obtida por LALP para 10 passagens de varrimento circular em vários segundos em condições de potência laser de 6 W, tamanho de ponto de 76 µm e velocidade de varrimento de 11,4 mm/s. O software ANSYS foi também utilizado para analisar a distribuição da temperatura e o campo de tensões térmicas no ar e na água durante a maquinagem de furos em vidro. O gradiente de temperatura mais elevado no ar induziu uma tensão mais elevada para a formação de fissuras, enquanto o gradiente de temperatura mais baixo na água tinha menos HAZ e eliminou a fissura durante o processamento. A microusinagem a laser de CO2 em água tem os méritos de uma elevada taxa de corrosão, fácil fabrico e baixo custo, juntamente com uma qualidade de superfície muito melhorada em comparação com a do ar.

Biswas et al. [11], (2010) estudaram a microperfuração a laser Nd:YAG de alumineto de titânio gama. Investigaram os efeitos de diferentes parâmetros do processo e a otimização do mesmo. Os aspectos considerados foram a circularidade do orifício à saída e a conicidade do orifício perfurado. A corrente da lâmpada, a frequência de impulsos, a pressão do ar e a espessura do trabalho foram seleccionadas como variáveis independentes do processo. A técnica de desenho composto central (CCD) baseada na metodologia de superfície de resposta (RSM) foi utilizada para planear as experiências de modo a obter respostas óptimas com um número reduzido de experiências.

Karazi e Brabazon [20] (2010) utilizaram a Metodologia de Superfície de Resposta (RSM) como ferramenta de previsão para o processo de micro-usinagem a laser. Foram investigados microcanais internos maquinados a laser utilizando laser Nd:YVO4 pulsado em policarbonato. As experiências foram realizadas de acordo com 33 modelos de experiências factoriais (DoE). Neste trabalho, os três parâmetros de controlo do processo de entrada foram a potência do laser, P; a frequência de repetição de impulsos, PRF; e a velocidade de translação da amostra, U. As respostas medidas foram a largura do canal e o custo operacional da micro-usinagem por metro de microcanais produzidos. As respostas foram suficientemente previstas dentro dos limites dos parâmetros de micro-usinagem definidos. Foram construídas duas equações de interação fatorial (2FI) e de regressão polinomial quadrática para ambas as respostas. Propõe-se que as equações de previsão desenvolvidas possam ser utilizadas para encontrar parâmetros de processo de microusinagem localmente óptimos em condições experimentais e operacionais.

Wee et al. [25], (2011) efectuaram testes de microusinagem por ablação a laser em bolacha de silício, tanto no ar como sob fluxo de água, com a utilização de lasers X-AVIA de 355 nm. Foram investigados os efeitos da frequência de pulso do laser, do nível de potência, da velocidade de varrimento e da posição do plano focal na deposição de partículas dos lasers associados (no ar), nas áreas irradiadas (sob a película de água corrente) e na conicidade. Foi demonstrado que a baixa frequência, ou seja, 30-40 kHz, e a elevada potência de pico resultam em menores salpicos e áreas irradiadas, e o cone do orifício diminui com o aumento da frequência de impulso. O aumento da fluência do laser alarga ambas as áreas e aumenta a conicidade do furo. Ambas as áreas alargam com o aumento da velocidade de varrimento superior a 3 mm/s. A velocidade de varrimento não tem qualquer efeito sobre a conicidade do furo em ambiente aéreo, mas obtém-se uma conicidade inconsistente sob fluxo de água. Além disso, a deslocação da posição do plano focal abaixo da superfície da peça de trabalho contribuiu para áreas relativamente mais pequenas de deposição de salpicos, irradiação e conicidade em comparação com a posição zero do plano focal. Finalmente, foram identificadas as diferenças entre a ablação por laser no ar e debaixo de água. Foi também investigada a redução da deposição de salpicos e das áreas irradiadas em torno do perímetro do furo ablacionado e uma menor conicidade com a utilização do método de perfuração por trepanação a laser em maquinação aérea e subaquática.

2.1. 2MICRO-MAQUINAÇÃO POR LASER COM DIFERENTES TIPOS DE LASERS:

2.1.2.1 Micromaquinagem a laser IR

Ao contrário da ablação de polímeros por laser UV, o processamento por laser IR é um processo puramente térmico. A maquinagem por laser de infravermelhos evapora o material do substrato diretamente através da aplicação de calor com o feixe de laser. Os lasers de infravermelhos são equipamentos comerciais, disponíveis a preços moderados e estão amplamente difundidos em aplicações industriais. O laser de infravermelhos provou ser flexível e rápido na produção de protótipos de sistemas microfluídicos de polímeros. Num trabalho recente da Universidade Técnica da Dinamarca, uma equipa investigou a primeira utilização de um sistema laser de CO_2, concebido para marcar peças numa indústria, para produzir um dispositivo microfluídico em substratos poliméricos [26]. A equipa demonstrou que os lasers de CO_2 constituem uma alternativa rentável aos sistemas laser UV e que são especialmente úteis na prototipagem microfluídica devido ao tempo de ciclo de produção muito curto, uma vez que conseguiram produzir todo o sistema em dois dias. No que diz respeito ao processamento de retaguarda, Klank et al. [26] investigaram vários métodos de ligação, como a colagem assistida por solventes, a fusão, a laminação e o tratamento de superfície por ativação de plasma. Um método de ligação térmica à base de etanol provou ser o mais eficiente em termos de tempo. Utilizaram um processo que combina microusinagem e colagem por laser de CO_2 para construir um analisador de colectores microfluídicos de três camadas para deteção colorimétrica de fósforo que integrava fibras ópticas. As secções transversais de tipo gaussiano características dos canais micromaquinados permitiram o auto-alinhamento das fibras ópticas que foram inseridas após o processo de colagem. Estes primeiros trabalhos [26, 27] centraram-se no fabrico de canais estreitos produzidos por uma única passagem do feixe laser sobre a superfície de PMMA. No entanto, para muitas aplicações, não é suficiente criar canais de uma largura fixa, uma vez que a maioria das microestruturas funcionais contém canais, câmaras e outras estruturas de várias dimensões que não podem ser produzidas por uma única passagem do feixe laser. Jensen et al. [29] descreveram o fabrico de câmaras e cavidades no polímero, criadas pelo movimento do feixe de laser sobre a superfície num padrão raster. Também demonstraram que, mesmo para um único tipo de polímero, como o PMMA, as propriedades do material podem diferir consideravelmente, dependendo do tipo específico de PMMA e do fabricante, desde uma ligeira alteração da rugosidade da superfície até uma superfície completamente alterada com irregularidades, deixando de ser transparente. Os autores sugeriram que os aditivos químicos nos diferentes tipos de PMMA podem ter influenciado a maquinabilidade de uma forma complexa. Finalmente, Snakenborg et al. [27] desenvolveram um modelo simples para relacionar a profundidade do canal cortado a laser com três variáveis: velocidade, potência e número de passagens do sistema laser. Adicionalmente, exploraram os efeitos das sequências de processamento e do número de passagens, em particular os efeitos do tempo de arrefecimento, da alteração da largura do canal e do perfil. Liu et al. [30] também utilizaram a maquinagem a laser em policarbonato utilizando um laser de CO_2 em combinação com colagem térmica e colagem adesiva para fabricar dispositivos de ensaio genético de baixo custo, descartáveis e monolíticos, integrando as funções de PCR, hibridação e lavagem de hibridação. Grupos em Taiwan também utilizaram o laser de CO_2 para o fabrico de dispositivos microfluídicos. Cheng et al. [31] fabricaram canais em PMMA com rácios de aspeto variáveis no mesmo substrato, com larguras de 100 µm a 900 µm, e larguras de trincheira típicas de 140 µm com um rácio de aspeto de 7. No entanto, as vantagens da utilização de um laser de CO2 para a escrita direta de PMMA foram diminuídas pela superfície rugosa das paredes de trincheira maquinadas (5 a 10µm de rugosidade) e pela limitada modificação química da superfície disponível. Um processo permitiu o fabrico de uma superfície de canal quase tão lisa como o PMMA puro, utilizando um tratamento de recozimento térmico numa só fase após a maquinagem, sem afetar a secção transversal dos canais activados por laser. As vantagens são óbvias, uma vez que a superfície lisa pode minimizar a dispersão da luz e melhorar a relação sinal/ruído quando é utilizada a deteção ótica no chip. Reduz também a adsorção superficial que pode causar contaminação e alargamento da banda em separações, por exemplo, eletroforese capilar. Os autores conceberam também uma modificação química da superfície baseada na química dos organosilanos, que tem sido amplamente utilizada para a modificação da superfície do vidro. Esta modificação química introduz convenientemente vários grupos funcionais para a passivação da superfície, de modo a evitar a adsorção ou a promover a imobilização de biomoléculas, o que alarga largamente a aplicação do PMMA como substrato para aplicações bioquímicas e biológicas. Cheng et al. [31] também desenvolveram uma plataforma versátil de microusinagem a laser capaz de proporcionar não só uma prototipagem flexível, mas também uma produção em massa eficiente de dispositivos de PMMA. Os autores afirmam que é possível produzir milhares de cópias num dia de trabalho utilizando um único sistema. Também consideraram que, uma vez que um sistema de marcação a laser de CO2 não é dispendioso, uma maior flexibilidade e capacidade de produção poderia ser facilmente alcançada através da utilização de mais sistemas. Wang et al. [32] também utilizaram um marcador laser de CO2 industrial simples para criar microcanais em pastilhas de co-poliéster Vivak. Desenvolveram um processo de baixa potência num ambiente quase anaeróbico para evitar o sobreaquecimento dos substratos, utilizando gelo seco na câmara de marcação para suprimir significativamente a pressão parcial de oxigénio. O canal típico abatido a laser, embora não perfeitamente uniforme, tinha 300 a 350 µm de largura com um rácio de aspeto de 0,5 a 2. Utilizaram um pós-tratamento de hidrólise alcalina para carregar as superfícies do canal abatido a laser. Os autores relataram um fluxo electroosmótico estável da mesma ordem de grandeza que o dos capilares de sílica fundida, o que sugeria que a superfície do canal era lisa. Além disso, mostraram que os protocolos típicos de revestimento dinâmico em eletroforese capilar podiam ser transferidos para os canais ablacionados. A geração de fluxos electroosmóticos em microcanais de co-poliéster foi facilmente realizada por hidrólise, uma vez que a funcionalidade éster produz o grupo carboxilato carregado. Wang et al. [32] conseguiram fabricar facilmente microcanais bidimensionais com um rendimento moderado de aproximadamente dezenas de chips por dia. Salientaram que a escala de produção e o custo inicial se adequam às necessidades de um laboratório bioanalítico, em que a versatilidade é uma vantagem tão importante como a relação custo-eficácia no desenvolvimento de pastilhas para avaliação preliminar. Por último, foram produzidas estruturas microfluídicas multicamadas em aço inoxidável com características até 50 µm por microusinagem a laser utilizando um laser Nd:YAG disponível no mercado (1 064 nm). As folhas foram depois empilhadas e fixadas umas às outras. Foi estudado um revestimento de parileno conformado para proteção adicional do substrato e melhor vedação entre as folhas para aplicações de alta pressão [33].

2.1.2.2 Microusinagem com lasers visíveis

Foi utilizado um laser de vapor de cobre que utiliza ambas as transições laser a 511 nm e 578 nm para fabricar pinos de microrreservatório em aço inoxidável ou tungsténio para ferramentas de microarrays para análise de genes e rastreio de elevado rendimento [34]. Um dos desafios no fabrico do capilar e do reservatório foi a mudança de 29
espessura da secção cónica do pino (de 0,05 mm ou 0,1 mm a 0,87 mm). O

método laser foi comparado com a maquinação por electro-erosão (EDM). O processo revelou-se fiável e 10 a 20 vezes mais rápido, e proporcionou flexibilidade adicional no design e maior resolução: a largura mínima de corte foi de 5 µm em comparação com 25 µm para pinos fabricados com EDM de fio. Outros componentes microfluídicos em polipropileno, Kapton ou vidro borossilicato foram também produzidos utilizando este tipo de laser [15].

2.1.3 Processamento laser assistido por líquido

A ablação por laser de polímeros em contacto com a água pode apresentar algumas vantagens ainda não exploradas [17]. O processamento a laser na presença de água líquida tem sido estudado desde a década de 1970 e as primeiras aplicações comerciais de corte a laser assistido por água, processamento de choques e limpeza de superfícies com contaminação por partículas estão atualmente disponíveis no mercado. Os diferentes métodos de processamento laser assistido por água baseiam-se nos mesmos fenómenos físicos, como a transmissão (ou absorção) de luz pela água; a vaporização da água; a formação, expansão e extinção de plasma; a formação e propagação de ondas de choque; a formação, crescimento e colapso de bolhas. A experiência adquirida ou as teorias formuladas sobre um método podem ser aplicadas aos outros. O aparecimento de novas fontes laser com novos comprimentos de onda, impulsos mais curtos, maior eficiência e fiabilidade, dimensões mais pequenas e preço mais baixo estimulará a aplicação mais ampla de métodos até agora pouco utilizados e o desenvolvimento de novos métodos. O efeito da água no processamento de materiais por laser consiste principalmente na conversão de parte da energia da luz num impulso mecânico (através da vaporização e da formação de plasma), que transporta material (detritos, partículas na superfície) e induz ondas de choque. A água também arrefece a peça de trabalho mais eficazmente do que os gases e, em alguns casos, a água ou os seus produtos de dissociação reagem quimicamente com os materiais. A maior parte destes efeitos pode também ser conseguida utilizando outros líquidos neutros, mas a água é o meio mais comum, barato e seguro. A água tem também uma capacidade calorífica excecionalmente elevada. A maior parte da investigação tem sido efectuada com impulsos de luz de 10-100 ns de lasers excimer comuns e de lasers Nd:YAG com Q-switched. Há uma tendência para utilizar impulsos mais curtos para obter melhores resultados, o que, em muitos casos, exige também uma densidade de energia de pico mais baixa para o mesmo efeito [23].

Provavelmente, as primeiras experiências de maquinação a laser sob uma película de água foram feitas em [35], com o objetivo de estudar os processos de remoção de material no interesse da espetroscopia de emissão. Atualmente, a principal razão para a gravação a laser assistida por água é a eliminação da redeposição de detritos na área maquinada. Isto resulta em perfis de superfície mais limpos e precisos e evita qualquer necessidade de limpeza posterior da peça de trabalho, que é normalmente feita num banho de ultra-sons [28]. Alguns defeitos do processamento a laser incluem microfissuras, material de refusão remanescente e ZTA maior. O processamento a laser subaquático pode reduzir a geração de tais defeitos. Os efeitos de arrefecimento da água podem reduzir o tamanho da ZTA. Tanto a eficiência como a qualidade do processamento a laser podem ser grandemente melhoradas. Esta técnica de perfuração a laser tem um grande potencial em muitas aplicações. Kruusing [23, 24] analisou as vantagens e desvantagens do processamento a laser assistido por água e concluiu que a técnica pode ser aplicada à gravação, corte, limpeza de superfícies e processamento de choques a laser. Sano et al. [36] verificaram uma melhoria das tensões residuais de tração para compressão através da irradiação laser subaquática. Relataram que a formação de plasma de alta pressão na superfície da peça de trabalho se deve à pressão impulsiva do plasma induzido por laser gerado pela interação do laser intenso pulsado com a peça de trabalho. Amer et al. [37] também investigaram as tensões induzidas e as alterações estruturais em bolachas de silício por laser KrFexcimer com um comprimento de onda de 248 nm. Foi observada uma elevada tensão de tração, isto é, 0,8-1GPa, e a formação de silício amorfo por irradiação laser. Zhu et al. [38] relataram que a taxa de ablação de silício por laser em perfuração assistida por água é altamente melhorada utilizando um laser KrFexcimer. Os autores propuseram que, quando o plasma é gerado na região de confinamento da água, é induzida uma pressão muito mais elevada, o que resulta numa taxa de ablação muito mais elevada. Além disso, uma amostra de silício monocristalino ablacionada com um laser Nd:YAG com um comprimento de onda de 266 nm e um tamanho de ponto de laser de 50 µm é relatada por Yoo et al. [39]. A ebulição explosiva pode ser o mecanismo dominante de remoção de material para uma irradiância laser superior ao limiar. Dupont et al. [40] estudaram e compararam a taxa de ablação em diferentes materiais, como a sílica, a alumina e o aço inoxidável, com uma vasta gama de fluências com comprimentos de onda de laser ultravioleta, visível e infravermelho de 248, 308, 532 e 1064 nm, respetivamente, numa película de água transparente em fluxo. Esta técnica evita a expansão da geração de plasma e aumenta a interação do impulso mecânico com o material. No entanto, a ablação é menos limpa do que nos outros processos [41].

Chung e Lin [22] aplicaram o método de processamento a laser assistido por líquido (LALP) para reduzir o gradiente de temperatura, as protuberâncias e a região da zona afetada pelo calor (HAZ) para obter furos maquinados em vidro sem fissuras. O gradiente de temperatura mais elevado no ar induziu uma tensão mais elevada para a formação de fissuras, ao passo que o gradiente de temperatura mais reduzido na água tinha menos HAZ e eliminou a fissura durante o processamento. A microusinagem a laser de CO_2 debaixo de água tem os méritos de uma elevada taxa de gravação, fácil fabrico e baixo custo, juntamente com uma qualidade de superfície muito melhorada em comparação com a do ar.

Choo et al [21] encontraram uma diferença significativa na natureza da ablação e dos danos térmicos entre a ablação por laser no ar e debaixo de água. Incluem a ausência de danos térmicos no caso da maquinagem debaixo de água, enquanto que os danos térmicos significativos no caso da maquinagem no ar.

2.2 Objectivos da presente investigação

A aplicação de técnicas baseadas no laser para o fabrico de microdispositivos está a aumentar de dia para dia. Quer se trate de um canal microfluídico ou de um sistema de análise micro total (μ-TAS), é o laser que é predominantemente utilizado em todo o mundo. No entanto, a natureza exacta da remoção de material é ainda imprevisível, tendo sido realizadas muito poucas investigações para explorar as várias possibilidades da maquinagem a laser na microfabricação. Uma vez que o laser é uma técnica de remoção de material baseada no calor, a zona afetada pelo calor (ZTA) afecta consideravelmente a qualidade do corte a produzir. No caso da microusinagem, isto torna-se mais significativo porque o tamanho do corte necessário é normalmente muito pequeno. Mesmo que a peça de trabalho não seja um material condutor, o processo de maquinagem resulta em tensões térmicas residuais no interior do material, o que dá origem a microfissuras, o que é altamente indesejável. É importante notar que, na maior parte do microfabrico a laser, a necessidade de pós-processamento é quase nula. Micro-reactores, microfuros, canais microfluídicos, μ-TAS, dispositivos microelectrónicos, ótica guiada, objectos biomédicos artificiais e utilizações médicas são alguns dos domínios mais importantes em que a microusinagem por laser é amplamente utilizada.

A maquinagem por feixe laser tem uma vasta aplicação no corte fino de chapas de plástico e chapas metálicas devido à sua precisão e elevada intensidade. O corte assistido por laser provocou uma revolução nas indústrias transformadoras, sendo utilizado para cortar uma variedade de materiais, como metal, madeira, vidro e plástico. O laser é direcionado para a superfície pretendida e movido para cortar o material na forma desejada. O corte a laser dá um acabamento mais fino ao produto final, em comparação com os métodos de corte convencionais. Os dispositivos de corte a laser estão a revelar-se benéficos numa vasta gama de indústrias. A indústria do plástico não é exceção, onde os lasers são utilizados para cortar formas precisas em folhas de plástico ou acrílico. Os lasers podem ser utilizados para cortar plásticos de diferentes espessuras, bastando alterar a intensidade do feixe. Os lasers não são apenas utilizados para cortar plástico, mas também para gravar. O método de corte a laser utiliza uma abordagem sem contacto ao cortar o material. Por isso, o desgaste associado aos métodos convencionais está ausente, evitando que o produto sofra danos e deformações. O processo a laser também proporciona uma qualidade de acabamento inigualável por qualquer outro processo. A utilização da maquinagem a laser de materiais plásticos está a aumentar em muitas indústrias, uma vez que é possível obter um produto de melhor qualidade, juntamente com uma maior fiabilidade do processo. A qualidade do corte depende principalmente da definição dos parâmetros do processo, como a potência do laser, o tipo e a pressão do gás/médio de assistência, o tipo e a espessura do material, a velocidade de corte e o modo de funcionamento (onda contínua ou modo pulsado). Entre os diferentes tipos de lasers, os lasers de CO_2 e Nd:YAG têm uma potência de feixe baixa, melhor eficiência e boa qualidade de feixe. Devido à versatilidade do material, à ausência de mudança de ferramenta ou de desgaste, à elevada utilização do material com flexibilidade de produção, à elevada precisão e à qualidade das arestas, o corte por feixe laser parece ser superior a qualquer outro processo de corte, seja ele tradicional ou não tradicional. Recentemente, a aplicação do laser Nd:YAG de estado sólido bombeado por díodo de terceira harmónica (DPSS) provou ser capaz de produzir micro-recursos precisos em películas de polímero a um custo muito inferior e a uma velocidade de processamento elevada. Isto foi possível graças à utilização de uma lente objetiva de grande ampliação que ajuda a focar o ponto do feixe laser e, por conseguinte, a produzir uma fluência laser excecionalmente elevada, mesmo com uma baixa potência de saída do laser. Este facto melhora consideravelmente a qualidade das micro-características a produzir nos polímeros, tais como micro-poros, micro-trincas, cortes e até mesmo o fabrico de micro-lentes de polímero pelo método da estereolitografia. O processamento a laser subaquático pode reduzir a geração de vários defeitos no interior da peça de trabalho, por exemplo, microfissuras e restos de material refundido. O efeito de arrefecimento da água pode reduzir o tamanho da ZTA. No entanto, não existe muita literatura disponível no contexto da maquinagem laser subaquática e é necessária muita investigação para satisfazer as necessidades da indústria.

Tendo em conta os factos acima referidos, os **objectivos** da presente investigação foram modulados da seguinte forma

1. Estudar a viabilidade da operação de microusinagem com laser Nd:YAG em condições subaquáticas.

2. Estudar as diferentes aplicações da microusinagem laser subaquática.

3. Efetuar um estudo aprofundado do material adequado às necessidades e utilização industriais.

4. Desenvolver um dispositivo de fixação versátil para a operação de maquinagem laser subaquática.

5. Produzir microcanais de dimensões desejadas em material selecionado por maquinagem subaquática a laser de passagem única.

6. Fazer um planeamento experimental adequado para obter os microcanais desejados.

7. Efetuar o teste de análise de variância (ANOVA) dos dados experimentais.

8. Analisar o efeito de vários parâmetros do processo em diferentes respostas, ou seja, a largura e a profundidade do microcanal.

9. Formular uma modelação matemática para obter a dimensão desejada do microcanal.

10.	Para otimizar diferentes respostas utilizando resultados baseados na

modelo matemático desenvolvido através da otimização da resposta.

Capítulo 3: Detalhes do sistema laser Nd:YAG

Para uma operação de maquinagem eficiente, como a microusinagem, o corte de perfis, a perfuração, a marcação, etc., o sistema de maquinagem a laser CNC Nd:YAG é composto por vários subsistemas de maquinagem, tais como: fonte de laser e unidade de distribuição do feixe, unidade de alimentação, unidade de controlo de Q-switch de radiofrequência (RF), unidade de arrefecimento e controlador CNC para o movimento dos eixos X, Y e Z. A cabeça do laser é constituída por uma haste de Nd:YAG e uma lâmpada de arco de críptton que são colocadas em dois pontos focais diferentes de uma cavidade elíptica. Os lasers Nd:YAG são constituídos por átomos de neodímio embebidos em cristais de granada de ítrio e alumínio. A fonte de bombagem é uma lâmpada de arco de críptton. Os cristais de Nd:YAG são excitados por uma lâmpada de arco de críptton. Para a amplificação da luz, o feedback ótico é fornecido com um espelho traseiro de refletividade de 100% e um espelho frontal de refletividade de 80%. O Q-switching é um excelente método para produzir uma largura de impulso muito curta e uma potência de pico muito elevada de luz laser a partir de um laser CW de baixa potência. A unidade de controlo RF Q-switch fornece o sinal RF ao Q-switch para o seu funcionamento. Utilizando o sistema de entrega do feixe, o laser é focado no ponto de trabalho. A unidade de alimentação principal controla a saída do laser através do controlo da intensidade da luz emitida pela lâmpada de arco de críptton. A unidade de arrefecimento arrefece o sistema para evitar danos térmicos na cavidade do laser, na lâmpada, na haste de Nd: YAG e no Q-switch. O controlador CNC é constituído por eixos X-Y-Z e uma unidade de controlo denominada Accupos. Os motores de passo estão ligados a cada eixo e ao Accupos. Esta unidade Accupos pode controlar o eixo através da unidade informática. A unidade de controlo do eixo Z do CNC controla o movimento do eixo Z da lente. Sobre a mesa para segurar a peça de trabalho, é colocado o dispositivo de fixação desenvolvido. Esta toma conta da postura de trabalho. A câmara CCD, juntamente com o monitor CCTV, é utilizada para visualizar a localização da peça de trabalho. E também para verificar as condições de focagem adequadas da superfície da peça de trabalho antes da maquinação a laser para obter características de micro-maquinação a laser de alta qualidade.

3.1 Mecanismo básico do laser Nd:YAG

O laser Nd:YAG é o laser de estado sólido mais amplamente aceite para microusinagem. O nome deste laser representa a composição do material de ganho do cristal: granada de ítrio-alumínio dopado com neodímio. Nos lasers Nd:YAG, os átomos de neodímio (meio de laser) são incorporados num cristal de YAG ($Y3Al5O12$). O cristal de YAG tem geralmente a forma de um bastão com o tamanho aproximado de um lápis. Os átomos de neodímio são dopados neste hospedeiro. A concentração de Nd no cristal de YAG é de 1% em peso. O cristal tem excelentes propriedades térmicas, mecânicas e ópticas para produzir eficazmente um feixe de luz coerente de alta qualidade. A maior vantagem do laser de Nd:YAG em relação a outros lasers é a sua capacidade de produzir um feixe contínuo à temperatura ambiente, o que permite que o laser seja utilizado em ambientes de trabalho típicos sem grandes modificações. Todas estas propriedades contribuíram para a ampla aceitação do laser Nd:YAG em aplicações de corte e outras aplicações de processamento. Funciona com um comprimento de onda de 1064 nm. Existem dois tipos de lasers Nd:YAG, de onda contínua e de modo pulsado. Estes têm características de saída e capacidades de processamento de materiais nitidamente diferentes. A potência de pico, a energia de impulso e a taxa de repetição de impulsos são indicadores úteis para determinar a velocidade de processamento e as capacidades dos lasers Nd:YAG. A eficiência deste laser é comparativamente elevada. Para obter uma potência elevada e uma divergência baixa para a vareta de Nd:YAG é necessário colocar várias varetas em cascata e bombear cada uma delas opticamente separada.

3.2 Detalhes da instalação experimental

O sistema de maquinagem a laser é constituído pelo seguinte subsistema:

a) Fonte laser b) Fonte de alimentação c) Controlador RF Q-switch

d) Unidade de arrefecimento

e) Controlador CNC para o movimento do eixo X-Y-Z

f) Sistema de entrega do feixe

3.2.1 Fonte de laser

Nos lasers Nd:YAG, os átomos de neodímio (Nd) (meio de transmissão) são incorporados num cristal de ítrio-alumínio-guarnição (YAG). O cristal de YAG tem geralmente a forma de uma vareta com a dimensão aproximada de um lápis. Os átomos de neodímio são dopados no hospedeiro. A concentração de Nd no cristal de YAG é de cerca de 1% em peso. Toda a vareta de Nd:YAG apresenta propriedades ópticas, mecânicas e térmicas desejáveis, o que a torna um meio de laser amplamente utilizado para operações de laser de alta potência. A fonte da bomba é geralmente uma lâmpada de arco de crípton posicionada paralelamente ao cristal de Nd:YAG. Tanto a vareta de Nd:YAG como a lâmpada de arco de crípton estão situadas no interior de uma cavidade elíptica revestida a ouro. A cavidade de forma elíptica é utilizada devido à propriedade especial da elipse de ter dois focos, e a luz emitida por um foco é totalmente concentrada noutro foco. Assim, na cavidade, a lâmpada de arco de crípton é mantida num foco e a haste de Nd:YAG é mantida noutro foco. A cavidade banhada a ouro é utilizada devido à sua elevada refletividade para o comprimento de onda da luz da bomba. O retorno ótico é assegurado por um espelho posterior refletor a 100% e um espelho frontal parcialmente transmissor.

3.2.1.1 Espelhos de cavidade:

A cavidade ótica, um tipo de ressonador de cavidade, contém um feixe de luz coerente entre superfícies reflectoras, de modo a que a luz passe pelo meio de ganho mais do que uma vez antes de ser emitida pela abertura de saída ou perdida por difração ou absorção. À medida que a luz circula pela cavidade, passando pelo meio de ganho, se o ganho (amplificação) no meio for mais forte do que o ressonador perde, a potência da luz circulante pode aumentar exponencialmente. Mas cada evento de emissão estimulada faz com que uma partícula retorne do seu estado excitado para o estado fundamental, reduzindo a capacidade do meio de ganho para amplificação adicional. Quando este efeito se torna forte, diz-se que o ganho está saturado. O equilíbrio entre a potência da bomba e a saturação do ganho e as perdas da cavidade produz um valor de equilíbrio da potência do laser no interior da cavidade; este equilíbrio determina o ponto de funcionamento do laser. Se a potência da bomba escolhida for demasiado pequena, o ganho não é suficiente para superar as perdas do ressoador e o laser emitirá apenas pequenas potências luminosas. O meio de ganho amplifica todos os fotões que o atravessam, independentemente das direcções; mas apenas os fotões alinhados com a cavidade conseguem passar mais do que uma vez através do meio e, assim, ter uma amplificação significativa.

O feixe na cavidade e o feixe de saída do laser, se ocorrerem no espaço livre e não em guias de onda (como num laser de fibra ótica), são, na melhor das hipóteses, feixes gaussianos de ordem inferior. No entanto, este é raramente o caso dos lasers potentes. Se o feixe não tiver uma forma gaussiana de ordem inferior, os modos transversais do feixe podem ser descritos como uma sobreposição de feixes Hermite-Guassianos ou Laguerre-Guassianos (para lasers de cavidade estáveis). Por outro lado, foi demonstrado que os ressoadores laser instáveis produzem feixes de forma fractal. Os feixes podem ser altamente colimados, ou seja, paralelos sem divergir. No entanto, não é possível criar um feixe perfeitamente colimado, devido à difração. Os feixes permanecem colimados ao longo de uma distância que varia com o quadrado do diâmetro do feixe e, eventualmente, divergem num ângulo que varia inversamente com o diâmetro do feixe. Assim, um feixe gerado por um pequeno laser de laboratório, como um laser de hélio-néon, espalha-se a cerca de 1,6 quilómetros (1 milha) de diâmetro se for projetado da Terra para a Lua. Em comparação, a saída de um laser semicondutor típico, devido ao seu pequeno diâmetro, diverge quase logo que deixa a abertura, num ângulo de qualquer coisa como 50^0 ângulo. No entanto, esse

feixe divergente pode ser transformado num feixe colimado por meio de uma lente. Em contrapartida, a luz de fontes de luz não laser também não pode ser colimada por meios ópticos. Para que a luz seja amplificada, precisamos de feedback, que é fornecido por dois espelhos. Os dois espelhos são tais que um deles deve ter uma refletividade de quase 100%, o que se designa por espelho posterior ou espelho traseiro, e o outro deve ter também uma refletividade elevada (dependendo do ganho do meio de iluminação), através da qual será emitida uma saída laser útil, designada por espelho frontal. Como no caso do laser Nd:YAG, o espelho posterior tem uma refletividade de 100% e o espelho anterior tem uma refletividade de cerca de 80%.

3.2.1.2 Q-Switch acústico-ótico

O Q-switch acústico-ótico consiste num material transparente (geralmente quartzo) com um transdutor acústico piezo-elétrico ligado a um dos lados. Quando o sinal de RF é aplicado ao transdutor ligado a um dos lados, este projecta uma onda acústica através do quartzo, que altera (modula) o índice de reflexão do quartzo periodicamente, em função do cristal e da velocidade da onda no cristal. Devido a esta variação periódica do índice de refração do quartzo, uma parte da luz que passa através do Q-switch é difractada para um pequeno ângulo e falha o espelho retrovisor com esta perda, pelo que não ocorre feedback ótico e a emissão simulada e a amplificação param. Assim, durante o período em que a RF está ligada ao Q-switch, a emissão simulada é suspensa e a população da camada superior do laser continuará a crescer à medida que mais átomos no. de átomos absorve a energia da lâmpada. Os átomos que já estão a povoar o nível superior não decaem imediatamente para o nível inferior devido ao longo tempo de vida do nível superior. Por conseguinte, durante o período de não-lazer, o nível superior armazena uma quantidade considerável de energia. Quando o sinal de RF é removido e o feedback ótico é restaurado, é gerada uma explosão de luz laser com vários KW de potência de pico. O Q-switch é um excelente método para produzir impulsos muito curtos com uma potência de pico muito elevada a partir de um laser de onda contínua de baixa potência. O transdutor no Q-switch acústico-ótico requer uma potência de RF para o funcionamento do Q-switch. A célula de quartzo que está a ser comutada com uma frequência tão elevada necessita de arrefecimento. Por isso, o Q-switch também é arrefecido a água.

3.2.1.3 Obturador de segurança intra-cavidade

Um componente importante na cavidade do laser é o obturador de segurança ativado eletricamente. Ao contrário do Q-switch, também bloqueia o caminho de refração entre os espelhos ópticos de retorno. O obturador de segurança é o dispositivo mecânico concebido para bloquear a ação de laser durante um longo período de tempo. Os obturadores são concebidos de forma a que a gravidade faça cair o obturador para a posição fechada ou de não-lasing em caso de falha eléctrica.

3.2.1.4 Abertura intra-cavitária

A abertura restringe a amplificação a ocorrer ao longo do eixo do ressoador, uma vez que as aberturas são utilizadas no interior da cavidade, daí o nome abertura intra-cavidade.

3.2.2 Alimentação eléctrica

Esta é a principal unidade de alimentação que controla a saída do laser. Acende e controla principalmente a intensidade da luz emitida pela lâmpada de arco de crípton. A intensidade da luz produzida pela lâmpada é utilizada para bombear os átomos de Nd na vareta de Nd:YAG. Para acender a lâmpada, que tem uma impedância muito elevada, é necessário, em primeiro lugar, acionar um impulso de alta tensão. Uma vez produzida a descarga na lâmpada, a intensidade da luz emitida pela lâmpada pode ser controlada alterando a corrente que passa por ela. Atualmente, em muitas aplicações, o laser não é utilizado continuamente e, por conseguinte, a fonte de alimentação é fornecida com uma caraterística especial de modo de espera que mantém viva a descarga na lâmpada. Esta disposição é muito útil para aumentar o tempo de vida operacional da lâmpada e também o da fonte de alimentação, uma vez que poupa todo o processo de geração do impulso de ativação para acender a lâmpada. Esta fonte de alimentação está equipada com um dispositivo de encravamento, porque se o dispositivo de arrefecimento não estiver operacional, a lâmpada não se acenderá. Deste modo, evitam-se danos na lâmpada e na dispendiosa vareta de Nd:YAG.

3.2.3 Controlador de RF Q-Switch

Para obter a saída do laser pulsado com uma potência de pico elevada, o laser é operado em modo Q-switch e, tal como para o Q-switching do laser, as perdas nos ressoadores são moduladas na frequência de repetição do impulso. Para tal, é utilizado um Q-switch acústico-ótico. Este Q-switch requer uma fonte de alimentação especial para o seu funcionamento. Um Q-switch acústico-ótico utiliza uma fonte de RF a 27,2 MHz que é modulada com uma frequência que varia entre 0,1 kHz e 19,9 kHz. Para esta radiofrequência, é utilizado um gerador de RF. Uma vez que está a ser comutado com uma frequência elevada, é também arrefecido por água refrigerada para operações repetitivas e, por conseguinte, a unidade é fornecida com um interbloqueio por excesso de temperatura. A figura 3.1 mostra o controlador RF Q-Switch e a fonte de alimentação do sistema laser Nd:YAG.

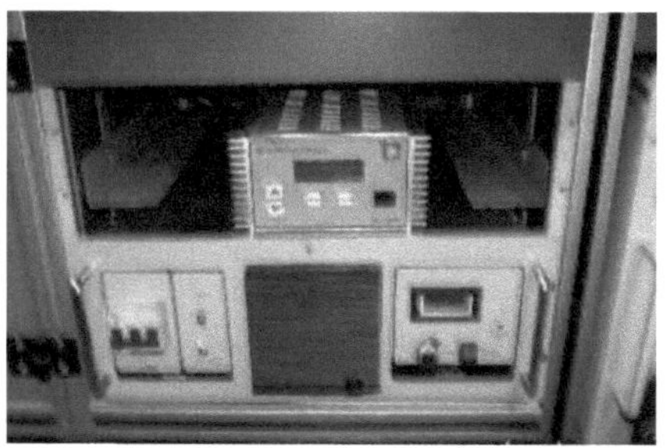

Fig.3.1 Fotografia do controlador de comutação RF-Q e da unidade de alimentação do laser Nd:YAG

3.2.4 Detalhes do sistema de arrefecimento

Esta unidade é constituída por dois subsistemas, nomeadamente 1) Sistema de refrigeração trifásico, que é utilizado para fornecer água refrigerada ao permutador de calor.
2) Sistemas de permutador de calor e de bomba, que são utilizados principalmente para fazer circular a água desionizada através do filtro de resina e do permutador de calor água-água para a cabeça do laser e o Q-switch. Os pormenores de especificação da unidade de refrigeração são apresentados no quadro 3.1:

PROPRIEDADE	DESCRIÇÃO
Requisitos eléctricos	Alimentação 415V AC
Capacidade do depósito de água desionizada	5 litros
Resistência à água desionizada	>200 KΩ/cm
Caudal de água desionizada	20 litros/min
Temperatura de funcionamento da água desionizada	24 C±1 C^{00}

QUADRO 3.1 Pormenores das especificações da unidade de refrigeração

3.2.4.1 Requisitos do sistema de arrefecimento

Quando o laser é produzido, é gerada uma grande quantidade de calor no interior da cavidade de bombagem. Se o calor gerado pela lâmpada de arco de crípton de alta intensidade não for removido da cavidade, pode causar danos nos componentes dispendiosos do laser. O sistema de arrefecimento é necessário para evitar as seguintes consequências a) A vareta de Nd:YAG pode ser danificada.

b) O revestimento dourado da cavidade deteriora-se

c) Reduzir o tempo de funcionamento da lâmpada de arco de crípton

d) Alterar o alinhamento do ressoador

e) Reduzir a estabilidade da potência de saída do laser

3.2.4.2 Unidade de arrefecimento

Devido à eficiência electro-ótica muito baixa, é gerada uma grande quantidade de calor no interior da cavidade de bombagem quando o laser é produzido. Por conseguinte, se o calor não for removido da cavidade, a lâmpada e a vareta ficarão danificadas, pelo que deve ser feita uma distribuição adequada do calor para este efeito. Por conseguinte, é fornecida uma unidade de arrefecimento a água para manter a lâmpada e a vareta frias. O sistema de refrigeração fornece a água fria ao permutador de calor. O sistema de bombas é responsável pela circulação da água desionizada através do permutador de calor água-água, passando pelo filtro de resina até à cabeça do laser e ao Q-switch. No interior da cavidade do laser, tanto a haste como a lâmpada de Nd:YAG estão imersas em água fria desionizada. A água desionizada é utilizada porque tem uma elevada transparência ótica e baixa condutividade eléctrica. O calor da água desionizada é subsequentemente removido por um permutador de calor água-água ligado a uma fonte de água exterior. A temperatura da água desionizada é regulada por meio de um solenoide, que liga e desliga o fluxo de água exterior conforme necessário. A regulação da temperatura da água desionizada para o seu grau de fluxo contribui ainda mais para a estabilidade da saída do laser.

Fig.3.2 Fotografia da unidade de arrefecimento da cabeça do laser

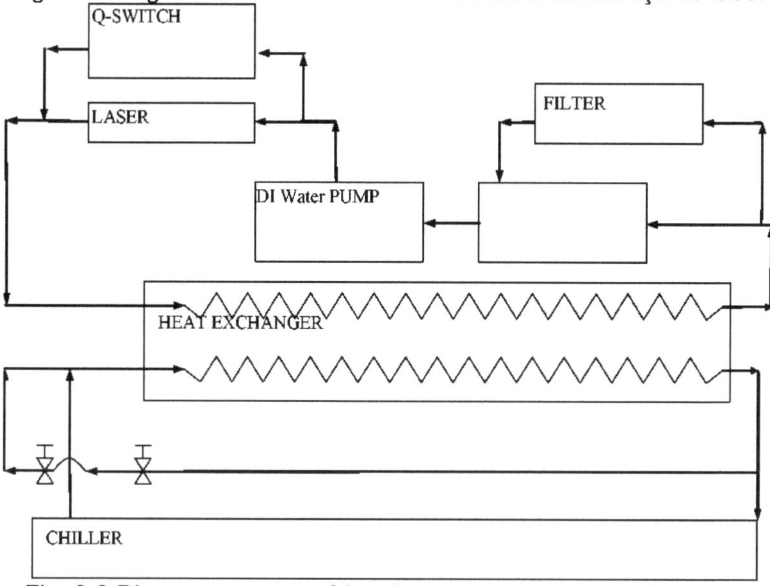

Fig. 3.3 Diagrama esquemático de uma unidade de refrigeração

As figuras 3.2 e 3.3 representam a fotografia de uma unidade de refrigeração e o diagrama esquemático de uma unidade de refrigeração, respetivamente.

3.2.5 Câmara CCTV e CCD

A câmara CCD recebe a sua alimentação trifásica através de um adaptador de 12 V. Está ligada ao CCTV por um cabo bnc. O CCTV é alimentado por uma fonte monofásica. A câmara, juntamente com o monitor, é utilizada para visualizar a peça de trabalho e, por conseguinte, tem de ser alinhada antes de o laser ser utilizado. O alinhamento consiste em obter a imagem do ponto laser no centro do monitor sobre o qual é desenhado um fio cruzado. O ponto de laser com lente e sem lente deve coincidir com o centro do fio cruzado. A figura 3.4 mostra a câmara CCD utilizada neste sistema laser Nd:YAG.

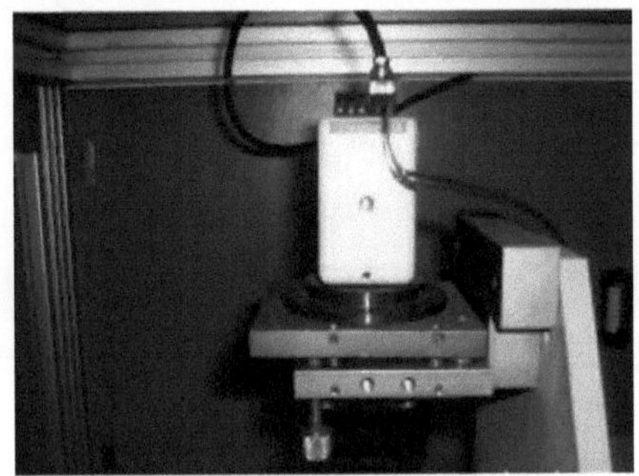

Fig.3.4 Fotografia da câmara CCD

3.2.6 Sistema de distribuição de feixes

Este sistema é composto por um dobrador de feixe e uma lente de focagem. O feixe laser proveniente do expansor de feixe da fonte laser deve ser enviado para a superfície de trabalho. O dobrador de feixe consegue-o dobrando o feixe a 90 graus, que é depois focado pela lente de focagem. Ao alterar a distância focal da lente de focagem, é possível alterar a densidade de potência e a profundidade de focagem produzidas pelo laser de um determinado diâmetro de feixe. Uma lente de menor distância focal tem uma elevada densidade de potência, mas uma pequena profundidade de focagem, ao passo que uma lente de grande distância focal tem uma baixa densidade de potência, mas uma grande profundidade de focagem para um mesmo diâmetro de feixe que incide sobre uma distância de focagem. O alinhamento da lente de focagem é muito importante porque, se o centro do feixe não estiver coincidente com o centro da lente, o feixe após a lente não será reto e, por conseguinte, a frequência de corte diminui drasticamente.

3.2.7 Detalhes de hardware do subsistema de movimento do eixo X-Y da

mesa de trabalho CNC Uma mesa X-Y e o movimento dos eixos X e Y são controlados pela unidade de controlo CNC, para uma focagem adequada do feixe laser por meio de lentes de focagem. A especificação do hardware da unidade de mesa CNC é apresentada na tabela 3.2 seguinte.

PROPRIEDADES	DESCRIÇÃO
Eixo de deslocação (eixo X-Y)	150mm x 150mm
Focagem do curso vertical	50mm
Precisão da posição	0,02 mm sobre um curso de 250 mm
Repetibilidade	0,01 mm sobre um curso de 250 mm
Resolução	1μm
Área de trabalho da mesa	150mm x 150mm
Fixação	Utilizando um dispositivo de fixação especialmente desenvolvido
Velocidade de avanço (eixos X, Y e Z)	25mm/seg
Sistema de controlo	Sistema de circuito aberto CNC

Tabela 3.2 Especificação de hardware da unidade de mesa CNC

3.2.8 Sistemas de controlo da focagem de feixes laser

Ao alterar a distância focal da lente de focagem, é possível alterar a densidade de potência e a profundidade de focagem produzidas pelo laser com um determinado diâmetro de feixe. Uma lente de menor distância focal tem uma maior densidade de potência, mas uma grande profundidade de focagem para o mesmo diâmetro de feixe que incide sobre uma lente de focagem. O alinhamento da lente de focagem é muito importante porque, se o centro do feixe não coincidir com o centro da lente, o feixe após a lente não será reto e, por conseguinte, a eficiência do corte diminui drasticamente. Para obter uma focagem correcta na peça de trabalho, este sistema Nd:YAG está equipado com uma interface CNC, câmara CCD e CCTV.

3.2.9 Pormenores do controlador e da interface CNC

Uma unidade de controlo CNC denominada Accupos controla o movimento dos eixos X-Y-Z. Os motores são fixados em cada eixo e ligados ao Accupos. A unidade Accupos pode controlar os eixos através da unidade de computador. Para o efeito, foi fornecida uma placa de controlo no interior do computador. Esta placa é ligada ao Accupos através de um conetor de 37 pinos/porta paralela. Existe também um obturador que pode ser controlado através do computador. Deve ser previsto um atenuador de feixe (obturador de segurança) que permita ao utilizador pôr termo à iluminação sem desligar o interrutor de alimentação principal. O obturador de segurança está localizado no interior do conjunto da cabeça do laser e é acionado pelo interrutor basculante. O obturador põe termo à ativação do laser, bloqueando a trajetória do feixe laser e impedindo a emissão de radiação laser para fora do invólucro do conjunto da cabeça. A figura 3.5 mostra a fotografia do sistema de controlo da mesa de trabalho CNC. A figura 3.7 representa a fotografia da unidade de controlo CNC designada por Accupos.

O obturador tem dois modos de controlo, tais como:

a) Modo automático: quando este modo está "ON", o obturador é controlado pelo computador. b) Modo manual: quando este modo está "ON", o utilizador pode controlar o obturador de funcionamento para permitir a saída do feixe laser. Quando o interrutor está solto ou "OFF", o feixe não sai.

Fig.3.5 Fotografia da unidade de controlo CNC (mesa de trabalho)
A figura 3.6 mostra o diagrama esquemático da transformação do feixe laser

durante as diferentes fases no interior do sistema laser Nd:YAG. A figura 3.8 mostra a fotografia da unidade de maquinagem com feixe laser.

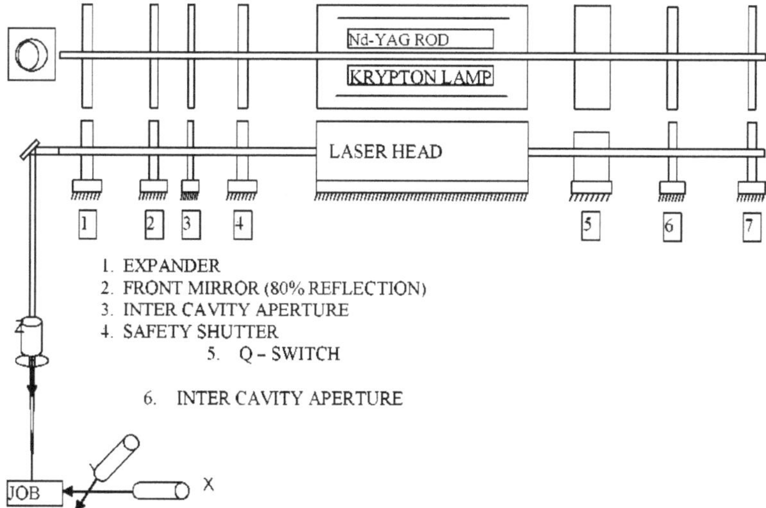

Fig. 3.6 Diagrama esquemático da transformação do feixe laser

Fig. 3.7 Fotografia da unidade de controlo CNC Accupos

Fig.3.8 Fotografia do sistema de maquinagem por feixe de laser

Capítulo 4: Pormenores experimentais:

4.1 Seleção do material:

Ao longo das últimas décadas, tem-se registado um enorme crescimento na criação de microcaracterísticas em plásticos através da microusinagem a laser. Os sistemas de análise micrototal $(\mu\text{-}TAS)$ ganharam um grande interesse, especialmente desde que os microchips de eletroforese capilar (CE) foram propostos por Manz et al. Estes dispositivos têm várias características, tais como velocidade, versatilidade, elevado desempenho, consumo insignificante de reagente/amostra e geração de resíduos, bem como a possibilidade de integração de várias etapas analíticas, incluindo a preparação da amostra, a mistura, a reação, a separação e a deteção. O fabrico de microfluidos depende claramente do material utilizado. Estes dispositivos têm sido fabricados principalmente a partir de substratos de silício e de vidro, utilizando técnicas fotolitográficas e de gravação normais. Nos últimos anos, os materiais poliméricos têm suscitado um interesse crescente, uma vez que os seus custos de fabrico potencialmente baixos podem permitir que sejam descartáveis. Têm sido utilizados vários polímeros, incluindo o poli(metilmetacrilato) (PMMA), o poli(dimetilsiloxano) (PDMS), o policarbonato (PC), o poliéster, o poliestireno (PS) e o poli(etileno-tereftalato) (PET). Recentemente, os polímeros e copolímeros de olefinas cíclicas, como o Topas ou o Zeonor, também foram objeto de atenção. Os processos de fabrico em substratos de vidro são morosos e são necessárias instalações em salas limpas. Por conseguinte, as microplaquetas resultantes são geralmente caras para serem utilizadas como dispositivos descartáveis. No entanto, características como boas propriedades ópticas, eficiência na dissipação de calor, características de superfície bem compreendidas, bem como elevada resistência a tensões mecânicas e a produtos químicos fazem deles a primeira opção. Além disso, o seu comportamento é bastante semelhante ao dos capilares tradicionais de eletroforese de sílica fundida. As geometrias ideais dos canais microfluídicos resultantes envolvem um canal de elevado rácio de aspeto, o que significa canais profundos com lados paralelos. As paredes não paralelas ocorrem no vidro com procedimentos de corrosão húmida, porque este processo ocorre na superfície de vidro exposta; assim, à medida que o canal é mais profundo, as paredes também são corrosivas. O resultado são canais mais largos no topo do que na base. Uma alternativa para produzir canais muito profundos com lados paralelos é a utilização de técnicas de gravura a seco, como o jato de pó, a gravura por plasma ou por iões reactivos profundos (DRIE) e a ablação por laser. No entanto, estas técnicas requerem a instalação e manutenção de instrumentos de elevado custo. Após o microfabrico dos canais, o sistema tem de ser montado envolvendo as redes de canais ou as microestruturas para permitir o fluxo de fluidos através do dispositivo. Na maioria dos casos, uma placa de cobertura feita do mesmo material que a base é selada ao dispositivo. O processo de colagem de vidro a vidro nem sempre é simples. Assim, foram desenvolvidos vários métodos de colagem, como a colagem anódica, a colagem por fusão de silicone e a colagem térmica. O processo de ligação térmica é frequentemente utilizado em microcanais de quartzo e vidro, embora sejam possíveis deformações do canal devido à elevada temperatura necessária. Em alternativa, tem sido utilizado um processo de baixa temperatura baseado em camadas intermédias para a ligação vidro-vidro. Os dispositivos microfluídicos de vidro podem ser utilizados para eletroforese capilar (CE). Estas microplaquetas de eletroforese capilar requerem um sistema de deteção sensível e miniaturizado. A deteção eletroquímica (CE), especialmente a deteção amperométrica, tem sido utilizada com êxito em microchips de CE devido a vantagens como a miniaturização inerente, a sensibilidade, o baixo custo, a portabilidade e a compatibilidade com a tecnologia de microfabricação. Um biochip é um dispositivo que comprime num único substrato as funcionalidades de um laboratório biológico, incorporando nele uma rede de canais microfluídicos, reservatórios, válvulas, bombas e microssensores. Oferece as capacidades de preparação, transporte, reação e análise de volumes muito pequenos, de nano a picolitros, de amostras biológicas. As suas principais vantagens são a elevada sensibilidade, a rapidez de análise, o baixo consumo de amostras e reagentes e a possibilidade de automatização e normalização das medições. Este conceito está a sofrer um desenvolvimento exponencial e promete avanços dramáticos tanto na investigação fundamental, nas fronteiras da proteómica e da genética, como nas aplicações clínicas como ferramenta de diagnóstico de baixo custo. Os canais microfluídicos nos biochips comerciais são atualmente fabricados utilizando tecnologias emprestadas do processamento de semicondutores, como a microdecapagem, a gravação química húmida e a gravação iónica reactiva profunda. Trata-se de técnicas intrinsecamente bidimensionais, que criam canais de superfície que têm de ser cobertos por uma placa de vidro; é necessário um processamento multicamada para produzir estruturas tridimensionais. Recentemente, a microusinagem assistida por laser de femtossegundo surgiu como uma técnica revolucionária para o fabrico de microcanais em vidro.

Num trabalho recente na Universidade Técnica da Dinamarca, uma equipa descobriu que, para canais microfluídicos, os melhores resultados eram obtidos com PMMA, uma vez que combina:

❧Uma elevada absorvência nos infravermelhos com uma baixa capacidade térmica e uma baixa condutância térmica, o que significa que qualquer calor absorvido resulta num rápido aumento da temperatura;

❧Uma decomposição térmica em produtos voláteis (monómero de MMA, dióxido de carbono e outros gases), conduzindo à formação de estruturas limpas que não estão contaminadas por componentes de degradação, ao contrário da maioria dos outros polímeros que ardem e produzem uma grande quantidade de fuligem, que pode ser difícil de remover.

O PMMA tem a vantagem adicional de os resultados da microusinagem a laser poderem ser comparados com outras técnicas de microusinagem, como a gravação a quente, a moldagem por injeção e a fresagem. As estruturas podem ser cortadas com exatidão, a alta velocidade e com elevada precisão, mesmo em materiais espessos (30 mm ou mais).

A maioria das pastilhas microfluídicas tem sido fabricada em substrato de vidro ou de sílica fundida, utilizando técnicas de gravura química húmida ou de fotolitografia. No entanto, estas

Os dispositivos de proteção podem não ser rentáveis. Em alternativa, a utilização de polimetacrilato de metilo (PMMA) como material de substrato tem várias vantagens. É menos dispendioso e mais fácil de fabricar com a técnica de microusinagem por excimer laser. Além disso, a folha de PMMA é um sólido não poroso, pelo que a contaminação causada pela adsorção de biomoléculas é reduzida. Além disso, o PMMA é inerte em solução aquosa neutra e não ocorre hidrólise durante a aplicação.

O custo normalmente baixo da folha de PMMA e o desenvolvimento de técnicas de microusinagem a laser têm atraído um interesse considerável, especialmente na aplicação de microchips microfluídicos descartáveis.

Com base nas discussões acima, o PMMA foi selecionado como um material adequado para este projeto de investigação.

As profundidades típicas dos canais em aplicação situavam-se entre 100 e 300 µm, enquanto as suas larguras eram tipicamente de cerca de 250 µm, sendo a mais estreita de 85 µm. A suavidade da superfície da parede dos canais foi estimada em 1 a 2 µm. No entanto, foram criadas saliências ressolidificadas com um diâmetro de 15 µm por pequenas gotículas de polímero recondensado no bordo das estruturas. Estas pequenas saliências não pareciam impedir a ligação dos canais de PMMA, uma vez que actuavam como um vedante polimérico incorporado, mais macio do que o material do substrato, e podiam ser pressionadas contra a superfície dura de uma tampa.

4.2 Propriedades do poli-metil-metil-acrilato (PMMA)

Physical Properties	Metric	English	Comments
Density	1.15 - 1.19 g/cc	0.0415 - 0.0430 lb/in³	Average value: 1.17 g/cc Grade Count 11
Water Absorption	0.200 - 0.400 %	0.200 - 0.400 %	Average value: 0.300 % Grade Count 5
Linear Mold Shrinkage	0.00200 - 0.00600 cm/cm	0.00200 - 0.00600 in/in	Average value: 0.00425 cm/cm Grade Count 4

Mechanical Properties	Metric	English	Comments
Hardness, Rockwell M	46.0 - 96.0	46.0 - 96.0	Average value: 79.2 Grade Count 5
Hardness, Rockwell R	106 - 110	106 - 110	Average value: 108 Grade Count 5
Tensile Strength, Yield	37.9 - 72.0 MPa	5500 - 10400 psi	Average value: 52.1 MPa Grade Count 9
Elongation at Break	4.50 - 5.10 %	4.50 - 5.10 %	Average value: 4.70 % Grade Count 3
Modulus of Elasticity	1.52 - 3.00 GPa	220 - 435 ksi	Average value: 2.31 GPa Grade Count 11
Flexural Modulus	1.86 - 3.30 GPa	270 - 479 ksi	Average value: 2.52 GPa Grade Count 7
Flexural Yield Strength	57.0 - 117 MPa	8270 - 17000 psi	Average value: 92.0 MPa Grade Count 10
Izod Impact, Unnotched	0.320 - 0.587 J/cm	0.600 - 1.10 ft-lb/in	Average value: 0.427 J/cm Grade Count 5
Gardner Impact	0.460 - 5.30 J	0.332 - 3.91 ft-lb	Average value: 2.49 J Grade Count 4
Falling Dart Impact	9.13 - 13.6 J	6.00 - 10.0 ft-lb	Average value: 10.3 J Grade Count 5
Izod Impact, Notched	0.150 - 1.10 J/cm	0.281 - 2.06 ft-lb/in	Average value: 0.455 J/cm Grade Count 6

Thermal Properties	Metric	English	Comments
CTE, linear	52.2 - 101 µm/m-°C	29.0 - 56.0 µin/in-°F	Average value: 78.3 µm/m-°C Grade Count 11
Thermal Conductivity	0.130 - 0.190 W/m-K	0.902 - 1.32 BTU-in/hr-ft²-°F	Average value: 0.170 W/m-K Grade Count 3
Deflection Temperature at 1.8 MPa (264 psi)	76.7 - 98.0 °C	170 - 208 °F	Average value: 85.7 °C Grade Count 11
Flammability, UL94	HB	HB	Grade Count 5

Optical Properties	Metric	English	Comments
Haze	2.00 - 3.00 %	2.00 - 3.00 %	Average value: 2.25 % Grade Count 4
Gloss	90.0 %	90.0 %	Average value: 90.0 % Grade Count 4
Transmission, Visible	90.0 - 92.0 %	90.0 - 92.0 %	Average value: 91.7 % Grade Count 6

Processing Properties	Metric	English	Comments
Processing Temperature	143 - 160 °C	289 - 320 °F	Average value: 156 °C Grade Count 4

Tabela 4.1 Propriedades do PMMA

4.3 Desenvolvimento de um dispositivo para corte subaquático

Neste projeto, a maquinação subaquática foi realizada numa máquina laser Nd:YAG. Foi cortado um microcanal em PMMA (poli-metil-meta-acrilato) com 4 mm de espessura. Foi concebido um dispositivo de fixação para acomodar vários tamanhos de trabalhos em condições subaquáticas. A água mineral foi utilizada como meio de água devido à sua fácil disponibilidade e à sua natureza não reactiva ao material da peça a temperaturas mais elevadas. O nível da água foi mantido a 1 mm acima das amostras da peça em condições de repouso. O fixador no suporte é utilizado para bloquear a peça de trabalho no suporte, de modo a evitar o seu movimento devido ao fluxo de água ou à pressão. Foi colocada uma balança para medir o nível da água no interior do dispositivo. A figura 4.1 mostra a fotografia do dispositivo desenvolvido.

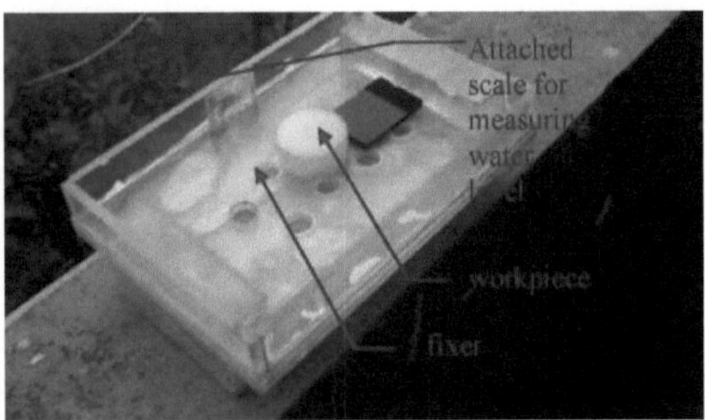

Fig4.1: Fotografia de um dispositivo de fixação especialmente concebido para maquinagem laser subaquática para acomodar peças de trabalho de diferentes formas e tamanhos.

4.4 Factores de entrada e características do microcanal

Depois de analisar a literatura disponível e de realizar algumas experiências, verificou-se que os seguintes factores afectam significativamente o processo de microcanalização a laser:

1. **Corrente da lâmpada**: a corrente da lâmpada em amperagem está diretamente relacionada com a fluência total do laser ou com a energia consumida pelo laser para emitir os impulsos desejados. Quanto maior for a corrente da lâmpada, maior será a fluência do laser.

2. **Frequência de** impulsos: a frequência de impulsos ou frequência de repetição de impulsos é o número de impulsos emitidos pelo laser por unidade de tempo.

3. **Largura do** impulso: a largura do impulso indica a percentagem de duração do tempo "ON" por unidade de tempo.

4. **Velocidade de corte**: é a velocidade do movimento do laser em relação à peça a trabalhar.

Características dos microcanais:

Um microcanal é geralmente especificado pela sua relação de aspeto, ou seja, a sua largura e profundidade. Mas se tiver de ser feita uma comparação entre os processos de fabrico utilizados para criar o canal, a limpeza do processo e do produto também tem um efeito significativo. Assim, considerando ambos os aspectos do processo e do produto, foi decidido medir as seguintes características para a avaliação.

1. **Largura do microcanal**: é a largura do canal formado pelo laser.

2. **Profundidade** do **microcanal**: é a profundidade do canal formado pelo laser.

3. **Altura da rebarba**: Uma vez que os processos baseados em laser são basicamente processos de corte térmico que envolvem a aplicação de calor, é de esperar a formação de rebarbas e zonas afectadas pelo calor. As rebarbas envolvem o microcanal na superfície exterior e criam uma não linearidade dos bordos exteriores do canal.

4. **Largura da rebarba**: A largura da rebarba afecta a qualidade da superfície do material que envolve o microcanal, criando assim superfícies não uniformes.

4.5 Medição das características do microcanal:

Todas as características acima referidas são medidas utilizando o microscópio ótico de medição Olympus-STM-6. Foi utilizada uma lente objetiva com uma ampliação de 10 X para todas as medições. Para reduzir o erro durante a medição, cada resposta foi medida em três locais diferentes do canal e a sua média estatística foi utilizada para a análise e modelação da superfície de resposta. Apresenta-se de seguida uma imagem do sistema de medição Olympus.

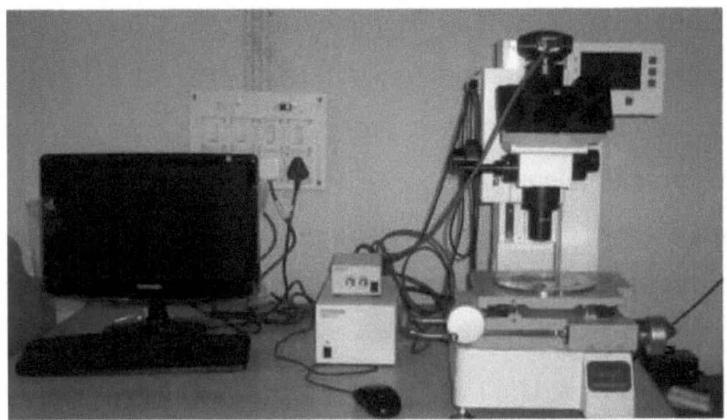

Fig4.2: Fotografia do microscópio ótico de medição Olympus STM6

O microscópio ótico de medição Olympus STM6 é capaz de medir as dimensões nas três dimensões, ou seja, X, Y e Z. A precisão deste sistema de medição é de 0.0001µm.

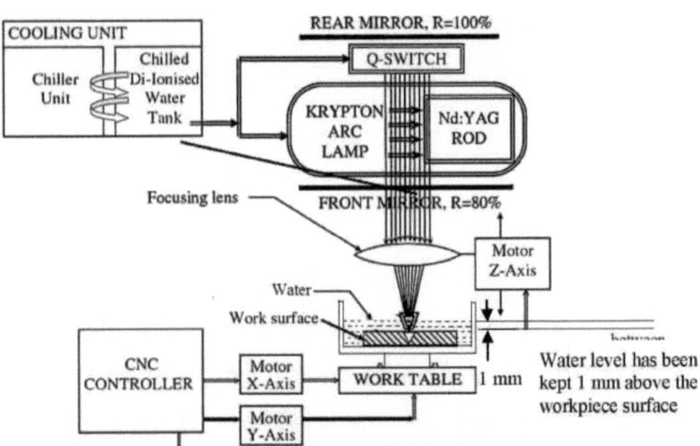

Figura 4.3 Diagrama esquemático da micro-canalização subaquática do laser Nd:YAG

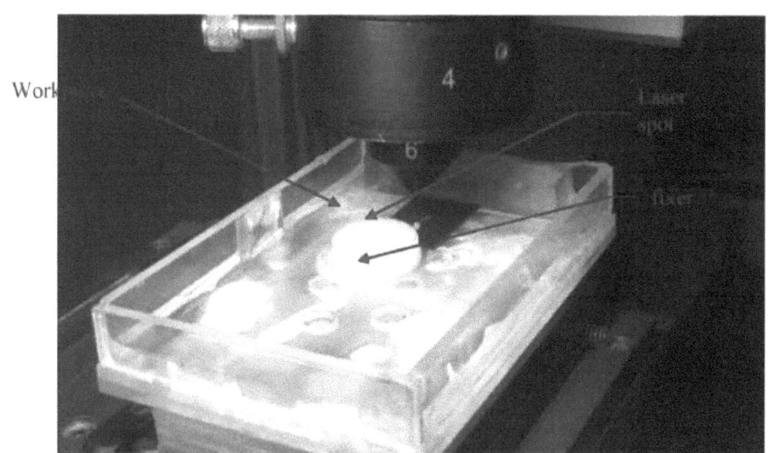

Figura 4.4 Fotografia do fabrico de um microcanal subaquático

4.6 Plano experimental baseado na metodologia de superfície de resposta

O planeamento experimental é feito para alterar uma ou mais variáveis do processo, a fim de observar os efeitos das alterações de uma variável em diferentes respostas. A conceção estatística das experiências é um procedimento eficiente para planear experiências de modo a que os dados obtidos possam ser analisados para produzir conclusões válidas e objectivas. A escolha de um desenho experimental depende dos objectivos da experiência e do número de factores a investigar. Para determinar as combinações óptimas multiparamétricas para o processo de microcanalização com feixe laser Nd:YAG pulsado, foi efectuado um conjunto de experiências de acordo com o desenho central composto rotativo de segunda ordem baseado na metodologia da superfície de resposta (RSM). A seleção da gama de corrente da lâmpada, da frequência do Q-switch, ou seja, da frequência de impulsos, da velocidade de corte do ar e da largura dos impulsos foi feita após a realização de algumas experiências-piloto.

Um plano experimental bem concebido pode reduzir substancialmente o número total de experiências. de experiências. Os desenhos compostos centrais (CCD) são um desses meios. Na maioria dos problemas de RSM, a forma da relação entre a resposta e as variáveis independentes é desconhecida. Assim, o primeiro passo na RSM consiste em encontrar uma aproximação adequada para a verdadeira relação funcional entre as respostas e as variáveis independentes. Normalmente, é utilizado um polinómio de baixa ordem em alguma região das variáveis independentes. Se a resposta for bem modelada por uma função linear das variáveis independentes, então a função de aproximação é o modelo de primeira ordem.

$$\eta = \beta_0 + \beta_1 x_1 + \beta_2 x_2 + \beta_{12} x_1 x_2 + \ldots\ldots\ldots$$

Se houver curvatura no sistema, então deve ser utilizado um polinómio de grau superior, como o modelo de segunda ordem. A modelação da superfície de resposta foi efectuada para estabelecer a relação matemática entre a resposta e os vários parâmetros de maquinagem. O modelo matemático geral de superfície de resposta polinomial de segunda ordem, que é considerado para analisar as influências paramétricas em vários critérios de resposta, é o seguinte

$$\eta = \beta_0 + \sum_{j=1}^{k} \beta_j x_j + \sum_{j=1}^{k} \beta_{jj} x_j^2 + \sum_{i<}\sum_{j=2}^{k} \beta_{ij} x_i x_j$$

Aqui η é a resposta correspondente. x representa os valores de diferentes parâmetros de maquinagem para diferentes experiências. k é o n.º. De experiências. β representa os coeficientes de regressão de segunda ordem. Quase todos os problemas RSM utilizam um ou ambos os polinómios de aproximação. Naturalmente, é improvável que um modelo polinomial seja uma aproximação razoável da verdadeira relação funcional em todo o espaço das variáveis independentes, mas para uma região relativamente pequena, normalmente funcionam bastante bem.

O método dos mínimos quadrados é utilizado para estimar os parâmetros em polinómios de aproximação. A análise da superfície de resposta é então efectuada em termos da superfície ajustada. Se a superfície ajustada for uma aproximação adequada da verdadeira função de resposta, então a análise da superfície ajustada será aproximadamente equivalente à análise do sistema real. O parâmetro do modelo pode ser estimado de forma mais eficaz se forem utilizadas concepções experimentais adequadas para recolher os dados.

Os projectos para ajustar as superfícies de resposta são designados por projeto de superfície de resposta. O objetivo da MSE é determinar as condições óptimas de funcionamento do sistema ou determinar uma região do espaço dos factores em que as especificações de funcionamento são satisfeitas. A RSM não é utilizada principalmente para compreender o mecanismo físico do sistema, embora possa ajudar a obter esse conhecimento. O modelo de regressão gera a superfície de resposta. Muitas vezes, a superfície ajustada é utilizada para encontrar uma direção de melhoria potencial para um processo. Uma forma formal de o fazer é o chamado método da subida mais íngreme.

A análise foi efectuada utilizando o valor descodificado de diferentes parâmetros de entrada. Nesta experiência, optámos por um modelo composto central. No total, foram seleccionados quatro parâmetros de entrada.

A gama de corrente da lâmpada, a frequência de impulsos, a largura de impulsos e a velocidade de corte para as experiências foram decididas após a realização de experiências-piloto e são as seguintes

Parâmetros de entrada	Indica	Unidade	etiqueta				
			-2	-1	0	1	2
Corrente da lâmpada	L	Amp	13	14	15	16	17
Frequência de impulsos	F	KHz	1	2	3	4	5
Largura do impulso	W	%	3	6	9	12	15
Velocidade de corte	u	mm/seg.	0.1	0.2	0.3	0.4	0.5

Quadro 4.2 Lista dos valores reais e dos valores codificados correspondentes para cada parâmetro

Experiência não.	corrente da lâmpada	frequência de impulsos	largura de pulso	velocidade de corte
1	14	2	6	0.2

2	16	2	6	0.2
3	14	4	6	0.2
4	16	4	6	0.2
5	14	2	12	0.2
6	16	2	12	0.2
7	14	4	12	0.2
8	16	4	12	0.2
9	14	2	6	0.4
10	16	2	6	0.4
11	14	4	6	0.4
12	16	4	6	0.4
13	14	2	12	0.4
14	16	2	12	0.4
15	14	4	12	0.4
16	16	4	12	0.4
17	13	3	9	0.3
18	17	3	9	0.3
19	15	1	9	0.3
20	15	5	9	0.3
21	15	3	3	0.3
22	15	3	15	0.3
23	15	3	9	0.1
24	15	3	9	0.5
25	15	3	9	0.3
26	15	3	9	0.3
27	15	3	9	0.3
28	15	3	9	0.3
29	15	3	9	0.3
30	15	3	9	0.3
31	15	3	9	0.3

Tabela 4.3 Sequência experimental gerada pela RSM (fonte: software Minitab)

Experiência não.	Largura do canal em três locais diferentes (µm)			Largura média do canal (µm)
	1	2	3	
1	520.4	499.0	481.2	500.2
2	330.3	389.0	478.0	399.1
3	110.0	76.8	91.7	92.80

4	311.3	361.8	388.5	353.9
5	500.5	464.4	474.8	479.9
6	468.8	503.4	573.1	515.1
7	124.7	159.3	148.3	93.20
8	326.2	421.4	389.6	379.1
9	457.7	480.7	465.8	468.1
10	61.4	93.2	73.3	92.10
11	521.9	426.3	461.5	469.9
12	329.6	373.3	363.1	355.3
13	473.5	461.5	441.5	458.8
14	182.9	227.6	297.8	236.1
15	434.9	340.5	438.4	404.6
16	379.9	349.4	384.9	371.4
17	314.3	285.2	323.1	307.5
18	362.1	310.0	333.2	335.1
19	601.2	590.0	572.5	552.3
20	344.4	353.5	300.6	332.8
21	303.1	302.5	269.3	291.6
22	308.7	293.7	274.2	292.2
23	380.4	411.7	420.5	404.2
24	219.6	214.9	441.5	335.3
25	341.4	293.6	293.5	309.5
26	292.8	283.7	278.4	285.0
27	259.5	342.0	340.9	314.1
28	287.5	291.9	249.7	276.4
29	289.2	260.2	225.0	258.1
30	300.0	271.1	290.7	287.3
31	253.9	267.3	277.4	266.2

Tabela 4.4 A largura do canal foi medida em três locais diferentes ao longo do canal

Experiência não.	Profundidade do canal em três locais diferentes (µm)			profundidade média do canal (µm)
	1	2	3	
1	50.8	60.89	85.5	65.73
2	81.9	91.5	76.5	83.3
3	41.5	49.0	57.8	49.4
4	53.7	51.4	102.1	69.1
5	117.3	82.5	119.9	106.6
6	68.1	80.0	98.4	82.2
7	96.2	135.9	119.2	117.1

8	62.67	100.0	133.7	98.79
9	50.6	48.2	65.1	54.6
10	69.7	120.3	111.1	100.4
11	62.9	32.7	47.14	47.58
12	102.26	81.1	130.8	104.72
13	45.8	50.0	48.83	48.21
14	23.2	87.5	62.7	57.80
15	89.1	67.9	95.6	84.20
16	101.8	75.4	109.7	95.60
17	70.7	70.1	72.3	71.00
18	94.7	58.2	151.6	101.50
19	105.3	79.6	86.0	90.30
20	93.9	113.5	105.5	104.30
21	62.4	69.8	54.0	62.10
22	101.5	90.3	89.5	93.80
23	94.7	83.15	83.3	87.05
24	74.4	86.4	42.4	67.70
25	71.1	89.06	110.8	90.32
26	93.08	108.5	75.8	92.46
27	107.5	97.71	57.2	87.47
28	78.4	110.1	84.2	90.90
29	100.1	94.7	94.1	96.30
30	113.8	89.8	57.7	87.10
31	98.1	71.4	101.46	90.32

Tabela 4.5 A profundidade do canal foi medida em três locais diferentes ao longo do canal

Experiência não.	altura da rebarba em três locais diferentes (µm)			altura média da rebarba (µm)
	1	2	3	
1	36.2	17.4	25.0	26.2
2	8.7	51.3	17.5	25.8
3	1.301	1.2	10.0	4.167
4	13.86	17.5	48.2	26.52
5	66.4	68.46	66.2	67.02
6	2.7	54.7	52.3	36.6
7	32.1	21.5	31.6	28.4
8	16.4	17.75	19.4	17.85
9	24.7	12.3	5.2	14.1
10	20.5	42.2	32.3	31.7
11	3.0	17.3	37.1	19.1

12	39.6	60.3	63.6	54.5
13	49.5	32.0	23.5	35
14	11.9	4.6	2.3	6.3
15	19.3	18.36	20.0	19.22
16	15.15	16.9	14.2	15.417
17	36.75	49.4	47.2	44.45
18	53.8	43.48	58.9	52.06
19	14.3	35.4	26.06	25.254
20	23.2	47.1	8.2	26.2
21	11.5	3.3	21.9	12.2
22	4.0	20.0	9.2	11.1
23	8.1	38.9	17.0	21.3
24	1.7	14.9	48.7	21.8
25	4.9	47.4	25.2	25.8
26	25.5	21.4	19.16	22.02
27	5.0	31.4	3.4	13.3
28	25.0	10.5	23.5	19.7
29	29.5	7.4	12.2	16.4
30	44.5	7.3	26.8	26.2
31	10.3	13.5	14.7	12.8

Quadro 4.6 A altura da rebarba foi medida em três locais diferentes do canal

Experiência não.	largura da rebarba no local em três locais diferentes (µm)			largura média da rebarba (µm)
	1	2	3	
1	62.25	61.0	64.0	62.416
2	73.1	53.13	51.7	59.31
3	33.8	143.5	78.9	85.4
4	85.68	97.4	92.8	91.96
5	43.0	46.5	43.4	44.3
6	42.77	57.8	52.7	51.09
7	40.0	51.9	45.5	45.8
8	55.9	69.9	57.8	61.2
9	96.8	64.9	51.4	71
10	62.7	68.17	76.1	68.99
11	63.3	67.8	102.72	77.94
12	90.0	72.2	53.2	71.8
13	75.1	93.3	58.7	75.7
14	134.5	56.4	80.8	90.6
15	60.8	67.74	77.2	68.58
16	70.06	71.8	72.4	71.42
17	58.94	57.3	58.9	58.38

18	71.22	77.5	68.6	72.44
19	27.3	88.7	73.3	63.1
20	69.73	80.2	74.5	74.81
21	61.3	59.43	62.9	61.21
22	40.96	39.3	53.0	44.42
23	74.3	60.9	77.5	70.9
24	86.2	53.0	152.6	97.3
25	38.3	68.9	70.2	59.1
26	70.5	51.5	50.7	57.6
27	58.4	55.0	50.3	54.6
28	30.3	60.8	62.7	51.3
29	53.63	55.0	56.4	55.01
30	44.1	56.3	51.3	50.6
31	42.3	56.9	59.44	52.88

Tabela 4.7 A largura da rebarba foi medida em três locais diferentes do canal

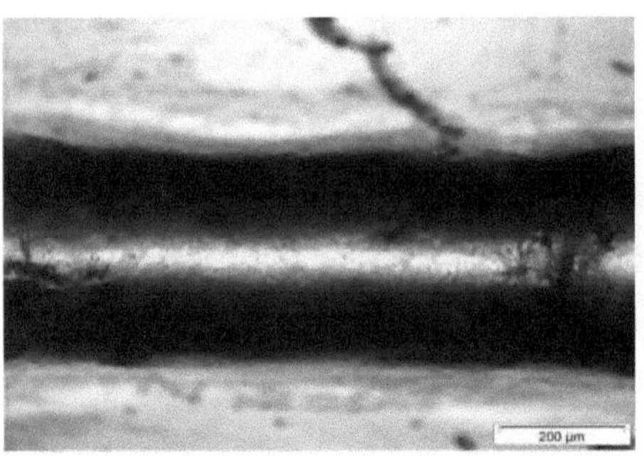

Fig 4.5 Photograph of microchannel resulting from experiment no.1

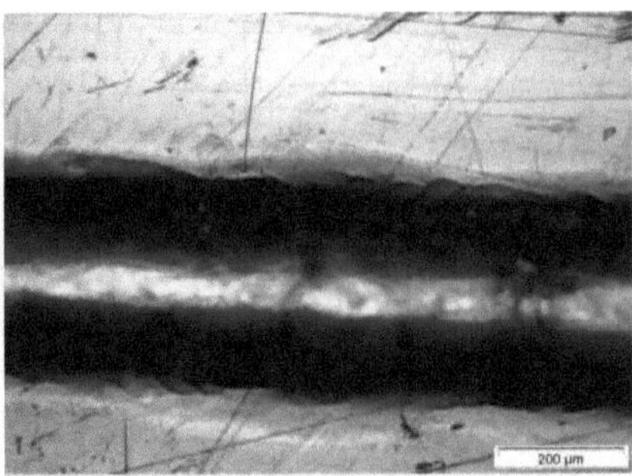

Fig 4.6 Photograph of microchannel resulting from experiment no.9

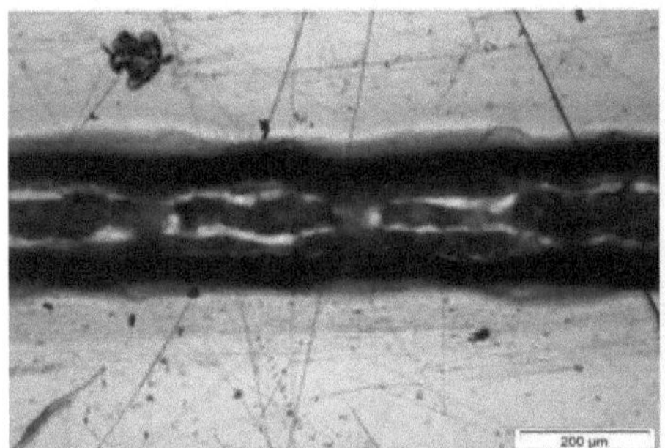

Fig 4.7 Photograph of microchannel resulting from experiment no.17

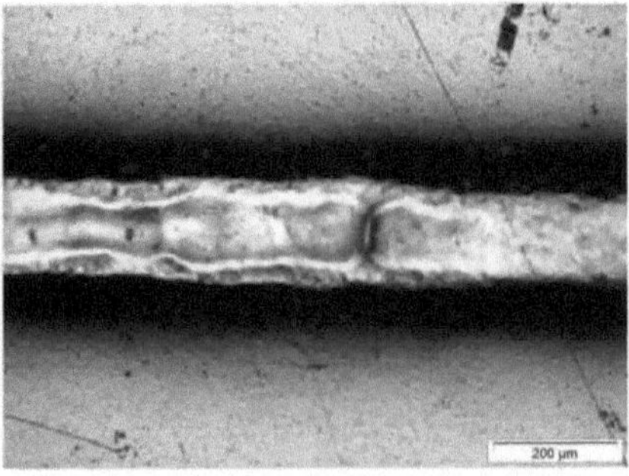

Fig 4.8 Photograph of microchannel resulting from experiment no.23

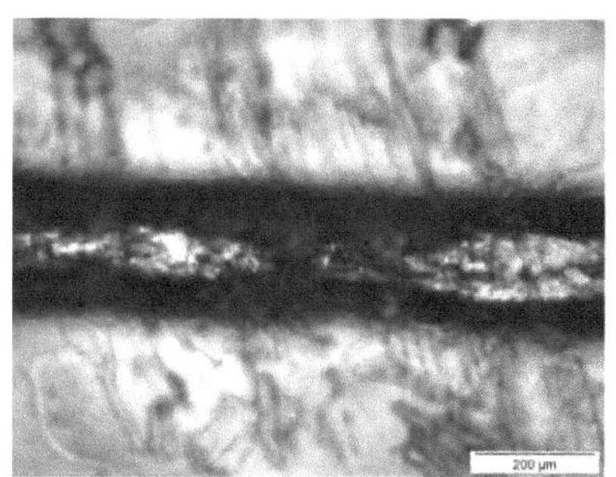

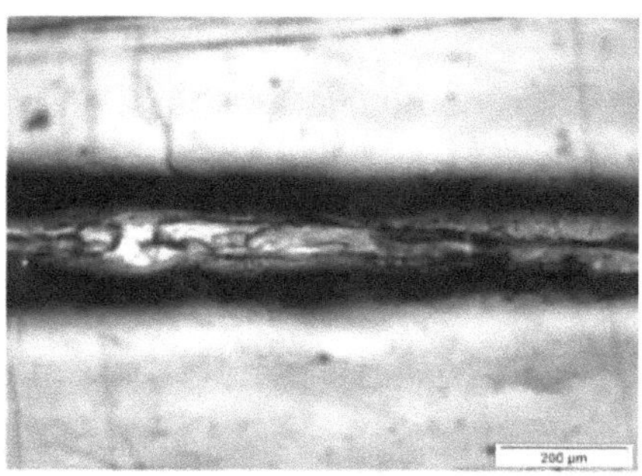

Fig 4.9 Photograph of microchannel resulting from experiment no.28

Fig 4.10 Photograph of microchannel resulting from experiment no.30

4.7 Modelação matemática das respostas com base na RSM:

Os resultados experimentais foram listados nas tabelas acima, com base num conjunto de experiências baseadas num projeto central composto rotativo de segunda ordem. Estes valores foram utilizados para o desenvolvimento de relações matemáticas entre os parâmetros de entrada e de saída.

A decisão sobre quais os termos a incluir e a excluir de um modelo de superfície de resposta é importante. Várias considerações, estatísticas e outras, influenciam a decisão.

1. Normalmente, o primeiro passo para excluir um termo é observar o seu valor p: se o valor p for inferior ao nível α, o termo deve permanecer no modelo.

2. Mesmo que o valor p seja superior ao nível α, podemos querer excluir o termo. Mas devemos primeiro considerar:

Como o R ajustado^2 e S mudam quando o termo é excluído. Se o R ajustado^2 for maior, significa que o modelo é melhor. Se o valor S for inferior, significa que o modelo é melhor. Portanto, se a exclusão do termo diminui o R ajustado^2 e aumenta o S, o termo deve permanecer no modelo.

-Como a falta de ajuste é afetada pela exclusão de um termo. A falta de ajustamento significa que o modelo de regressão não se ajusta bem aos dados. Se um termo importante de ordem superior for excluído do modelo, ocorre uma falta de ajuste significativa. O teste de falta de ajustamento aparece no quadro da análise de variância quando é possível calcular este teste a partir dos dados. Por conseguinte, é importante verificar as estatísticas de falta de ajustamento antes de excluir um termo.

-Como a exclusão de um termo de ordem inferior afecta a hierarquia da superfície de resposta. Para incluir um termo de ordem superior no modelo, o termo de ordem inferior também deve ser incluído.

A modelação da superfície de resposta foi efectuada para estabelecer a relação matemática entre as respostas e os vários parâmetros de maquinagem. Estas equações baseiam-se nos coeficientes de regressão obtidos a partir da análise RSM dos dados de cada resposta no software MINITAB. As várias notações utilizadas nas equações são as seguintes: Y_{CW}- largura do microcanal, Y_{CD}- profundidade do microcanal, Y_{BH}- altura da rebarba, Y_{BW}- largura da rebarba, x_1- corrente da lâmpada, x_2- frequência de impulsos, x_3- largura de impulsos, x_4- velocidade de corte;

4.7.1 Modelo matemático para a largura do canal

Prazo	Coeff.	SE Coeff.	T	P
Constante	285.2	11.51	24.787	0.000
corrente da lâmpada	-17.5	12.43	-1.409	0.178
frequência de impulsos	-89.0	12.43	-7.162	0.000
largura de pulso	17.3	12.43	1.395	0.182
velocidade de corte	-7.9	12.43	-0.636	0.534
corrente da lâmpada χ corrente da lâmpada	34.7	22.77	1.525	0.147
frequência de impulsos χ frequência de impulsos	156	22.77	6.849	0.000
largura de impulso χ largura de impulso	5.3	22.77	0.234	0.818
Velocidade de corte χ velocidade de corte	83.2	22.77	3.652	0.002
corrente da lâmpada χ frequência de impulsos	266	30.44	8.735	0.000

corrente da lâmpada χ largura do impulso	98.9	30.44	3.25	0.005
corrente da lâmpada χ velocidade de corte	-306.9	30.44	-10.081	0.000
frequência de impulsos χ largura de impulsos	-63.5	30.44	-2.086	0.053
frequência de impulsos χ velocidade de corte	330.4	30.44	10.851	0.000
largura de impulso χ corte	-9.0	30.44	-0.294	0.773

Tabela4.8 Coeficientes de regressão estimados para a largura média em unidades codificadas

Os valores de S, R-Sq e R-Sq(adj) são os seguintes

S = 30,44 R-Sq = 96,4% R-Sq(adj) = 93,2%

O modelo matemático para a largura do microcanal é representado pela seguinte equação

$$Y_{CW} = 285.2 - 17.5X_1 - 89X_2 + 17.3X_3 - 7.9X_4 + 34.7X_1^2 + 156X_2^2 + 5.3X_3^2 +$$

$$83.2X_4^2 + 266X_1X_2 + 98.9X_1X_3 - 306.9X_1X_4 - 63.5X_2X_3 + 330.4X_2X_4 - 9X_3X_4$$

........(1) ver quadro 4.8

A partir da equação acima, é evidente que a frequência de impulsos é o fator mais dominante no que diz respeito à formação da largura do canal. O sinal negativo deste coeficiente (-89) indica que afecta negativamente a formação. A largura do impulso e a corrente da lâmpada são também factores dominantes que afectam a formação da largura do canal, mas a largura do impulso influencia diretamente a formação de forma positiva e a corrente da lâmpada de forma inversa. O valor elevado do R-quadrado (96,4%) indica que o modelo se ajusta bem.

4.7.2 Modelo matemático para a profundidade do canal

Prazo	Coeff.	SE Coeff.	T	P
Constante	90.7	1.554	58.346	0.000
corrente da lâmpada	14.96	1.679	8.909	0.000
frequência de impulsos	7.97	1.679	4.747	0.000
largura de pulso	14.92	1.679	8.888	0.000
velocidade de corte	-9.82	1.679	-5.847	0.000

corrente da lâmpada χ corrente da lâmpada	-8.20	3.076	-2.666	0.017
frequência de impulsos χ frequência de impulsos	2.85	3.076	0.926	0.368
largura de impulso χ largura de impulso	-16.50	3.076	-5.364	0.000
Velocidade de corte χ velocidade de corte	-17.08	3.076	-5.551	0.000
corrente da lâmpada χ frequência de impulsos	5.34	4.113	1.299	0.212
corrente da lâmpada χ largura do impulso	-40.48	4.113	-9.843	0.000
corrente da lâmpada χ velocidade de corte	32.34	4.113	7.864	0.000
frequência de impulsos χ largura de impulsos	33.53	4.113	8.152	0.000
frequência de impulsos χ velocidade de corte	18.63	4.113	4.531	0.000
largura de impulso χ corte	-39.66	4.113	-9.644	0.000

Tabela 4.9 Coeficientes de regressão estimados para a profundidade média em unidades codificadas

Os valores de S, R-Sq e R-Sq(adj) são os seguintes

S = 4,113 R-Sq = 97,5% R-Sq(adj) = 95,3%

O modelo matemático para a profundidade do microcanal é representado pela seguinte equação

$$Y_{CD} = 90.7 + 14.96X_1 + 7.97X_2 + 14.92X_3 - 9.82X_4 - 8.20X_1^2 + 2.85X_2^2 -$$

$$16.50X_3^2 - 17.08X_4^2 + 5.34X_1X_2 - 40.48X_1X_3 + 32.34X_1X_4 + 33.53X_2X_3 +$$

$$18.63X_2X_4 - 39.66X_3X_4 \ldots\ldots\ldots\ldots(2)$$ refer to table 4.9

A partir da equação acima, é evidente que a corrente da lâmpada é o fator predominante no que diz respeito à profundidade do canal. A largura do impulso também afecta consideravelmente a profundidade do canal. A velocidade de corte tem uma influência negativa. O valor elevado do R-quadrado (97,5%) indica que o modelo se ajusta bem.

4.7.3 Modelo matemático para a altura da rebarba

Prazo	Coeff.	SE Coeff.	T	P
Constante	19.46	1.812	10.741	0.000
corrente da lâmpada	1.39	1.957	0.711	0.487
frequência de impulsos	-4.64	1.957	-2.37	0.031
largura de pulso	1.79	1.957	0.916	0.373
velocidade de corte	-3.02	1.957	-1.542	0.143
corrente da lâmpada χ corrente da lâmpada	28.76	3.586	8.021	0.000

frequência de impulsos χ frequência de impulsos	6.23	3.586	1.738	0.101
largura de impulso χ largura de impulso	-7.84	3.586	-2.188	0.044
Velocidade de corte χ velocidade de corte	2.06	3.586	0.573	0.574
corrente da lâmpada χ frequência de impulsos	21.33	4.793	4.450	0.000
corrente da lâmpada χ largura do impulso	-37.11	4.793	-7.741	0.000
corrente da lâmpada χ velocidade de corte	9.88	4.793	2.061	0.056
frequência de impulsos χ largura de impulsos	-17.63	4.793	-3.678	0.002
frequência de impulsos χ velocidade de corte	24.95	4.793	5.206	0.000
largura de impulso χ velocidade de corte	-27.66	4.793	-5.771	0.000

Quadro 4.10 Coeficientes de regressão estimados para a altura média da rebarba em unidades codificadas

Os valores de S, R-Sq e R-Sq(adj) são os seguintes

S = 4,793 R-Sq = 93,8% R-Sq(adj) = 88,4%

O modelo matemático para a altura das rebarbas é representado pela seguinte equação número 3

$$Y_{BH} = 19.46 + 1.39X_1 - 4.64X_2 + 1.79X_3 - 3.02X_4 + 28.76X_1^2 + 6.23X_2^2 -$$
$$7.84X_3^2 + 2.06X_4^2 + 21.33X_1X_2 - 37.11X_1X_3 + 9.88X_1X_4 - 17.63X_2X_3 +$$
$$24.95X_2X_4 - 27.66X_3X_4 \ldots\ldots\ldots(3) \ \text{refer to table 4.10}$$

A partir da equação acima, podemos concluir que a frequência de impulsos é o fator predominante no caso da altura das rebarbas. No entanto, afecta negativamente. A corrente da lâmpada e a largura do impulso têm um impacto positivo, enquanto a velocidade de corte tem um impacto negativo.

4.7.4 Modelo matemático para a largura da rebarba

Prazo	Coeff.	SE Coeff.	T	P
Constante	54.44	1.222	44.551	0.000
corrente da lâmpada	5.28	1.320	4.000	0.001
frequência de impulsos	6.18	1.320	4.679	0.000
largura de pulso	-9.48	1.320	-7.179	0.000
velocidade de corte	12.28	1.320	9.303	0.000
corrente da lâmpada χ corrente da lâmpada	11.48	2.418	4.749	0.000
frequência de impulsos χ frequência de impulsos	15.03	2.418	6.215	0.000
largura de impulso χ largura de impulso	-1.11	2.418	-0.459	0.652

Velocidade de corte χ velocidade de corte	30.17	2.418	12.477	0.000
corrente da lâmpada χ frequência de impulsos	0.52	3.233	0.161	0.874
corrente da lâmpada χ largura do impulso	11.16	3.233	3.451	0.003
corrente da lâmpada χ velocidade de corte	-4.01	3.233	-1.241	0.232
frequência de impulsos χ largura de impulsos	-20.02	3.233	-6.192	0.000
frequência de impulsos χ velocidade de corte	-20.95	3.233	-6.479	0.000
largura de impulso χ velocidade de corte	28.32	3.233	8.758	0.000

Quadro 4.11 Coeficientes de regressão estimados para a largura média das rebarbas em unidades codificadas

Os valores de S, R-Sq e R-Sq(adj) são os seguintes

S = 3,233 R-Sq = 97,1% R-Sq(adj) = 94,6%

O modelo matemático para a largura das rebarbas é representado pela seguinte equação

$$Y_{BW} = 54.44 + 5.28X_1 + 6.18X_2 - 9.48X_3 + 12.28X_4 + 11.48X_1^2 + 15.03X_2^2 -$$
$$1.11X_3^2 + 30.17X_4^2 + 0.52X_1X_2 + 11.16X_1X_3 - 4.01X_1X_4 - 20.02X_2X_3 -$$
$$20.95X_2X_4 + 28.32X_3X_4\ldots\ldots\ldots(4) \text{ refer to table } 4.11$$

A velocidade de corte é o fator predominante para a formação da largura da rebarba. Uma maior largura de impulso reduz a largura da rebarba, uma vez que afecta negativamente. A corrente da lâmpada e a frequência de impulsos têm um impacto positivo.

4.8 Teste de análise de variância:

A fim de verificar a adequação dos modelos empíricos desenvolvidos para a resposta da largura do microcanal, da profundidade do microcanal, da altura da rebarba e da largura da rebarba, é efectuado o teste de análise de variância (ANOVA). O objetivo do teste ANOVA é investigar quais os parâmetros de conceção que têm um efeito significativo nas características de qualidade. A tabela ANOVA é gerada utilizando o software MINITAB para diferentes respostas.

4.8.1 ANOVA para a largura do microcanal

A tabela ANOVA para a largura do microcanal é apresentada na tabela seguinte. A partir da tabela, verifica-se que os valores de regressão e linear têm valores elevados. O valor elevado de F indica que a maior parte da variação na resposta pode ser explicada pela equação do modelo de regressão. O valor F da regressão é 30,20, que é superior ao valor tabelado $F_{14,10}(2,88)$, o que indica que a equação polinomial de segunda ordem é altamente significativa e adequada para representar a relação real entre a resposta e as variáveis. O valor P associado é utilizado para avaliar se a estatística F é suficientemente grande para indicar significância estatística. Um valor P inferior a 0,05 indica que o modelo é considerado estatisticamente significativo. Os valores de P para todas as regressões e lineares são inferiores a 0,01. Por conseguinte, o modelo de regressão de segunda ordem desenvolvido para a largura do microcanal é adequado a um nível de confiança de 95%.

Fonte	DF	Seq SS	Adj SS	Adj EM	F	P
regressão	14	391899	391899	27992.8	30.20	0.000
Linear	4	51562	51562	12890.5	13.91	0.000
Quadrado	4	52385	52385	13096.3	14.13	0.000
Interação	6	287952	287952	47991.9	51.78	0.000
Erro residual	16	14830	14830	926.9		
Lack-of- Fit	10	12227	12227	1222.7	2.82	0.109
Erro puro	6	2603	2603	433.8		
Total	30	406729				

Tabela 4.12 Análise de variância para a largura média

4.8.2 ANOVA para a profundidade do microcanal

A Tabela 4.13 mostra os resultados do teste ANOVA para a profundidade do microcanal. Observa-se que o valor da regressão e linear é significativo e o valor é superior ao valor tabelado F14,10 (2,88) e F4,10 (3,48), tal como encontrado no gráfico padrão a 95%. Assim, os factores lineares dos parâmetros do processo têm mais efeito no modelo. Além disso, os valores P da regressão e da linearidade também são inferiores a 0,05, o que prova que a equação do modelo de regressão é significativa e mostra que o modelo tem um nível de confiança de 95% para a sua adequação.

Fonte	DF	Seq SS	Adj SS	Adj EM	F	P
regressão	14	10430	10429.99	749.999	44.05	0.000
Linear	4	3638.0	3637.95	909.488	53.77	0.000
Quadrado	4	1034.3	1034.25	258.563	15.29	0.000
Interação	6	5757.8	5757.79	959.632	56.74	0.000
Residual Erro	16	270.6	270.62	16.914		
Falta de ajuste	10	212.4	212.44	21.244	2.19	0.175
Erro puro	6	58.2	58.18	9.697		
Total	30	10700.6				

Tabela 4.13 Análise de variância para a profundidade média

4.8.3 ANOVA para a altura da rebarba

No que diz respeito à altura da rebarba, os valores calculados são mais elevados do que os valores tabelados para a interação. Assim, os factores de interação dos parâmetros do processo têm mais efeitos no modelo. O quadro apresenta a tabela ANOVA para altura da rebarba. Além disso, os valores P 0,000, 0,000 e 0,000 são todos inferiores a 0,05, o que indica que os termos são significativos e têm um nível de confiança de 95%. Para além disso, o valor F para a falta de ajuste também é inferior ao valor tabelado 2,88, o que prova que a falta de ajuste é insignificante. Assim, o modelo de regressão de segunda ordem desenvolvido para a altura da rebarba é adequado a um nível de confiança de 95%.

Fonte	DF	Seq SS	Adj SS	Adj EM	F	P
regressão	14	5568.8	5568.8	397.77	17.31	0.000
Linear	4	214.6	214.6	53.66	2.34	0.100
Quadrado	4	1726.0	1726.0	431.49	18.78	0.000
Interação	6	3628.2	3628.2	604.7	26.32	0.000
Residual Erro	16	367.6	367.7	22.98		
Falta de ajuste	10	183.7	183.7	18.37	0.60	0.774
Erro puro	6	183.9	183.9	30.65		
Total	30	5936.4				

Quadro 4.14 Análise de variância para a altura média da rebarba

4.8.4 ANOVA para a largura da rebarba

A partir da tabela 4.15, verifica-se que a falta de ajuste calculada (1,10) é inferior ao valor tabelado de $F_{10,14}$ (2,60), o que esclarece que o efeito da falta de ajuste é insignificante. Isto implica que todos os dados foram bem ajustados na curva de resposta. O fator de regressão sobre os parâmetros tem mais efeito sobre o parâmetro do processo. Por conseguinte, o modelo de regressão de segunda ordem desenvolvido para a largura da rebarba é adequado a um nível de confiança de 95%.

Fonte	DF	Seq SS	Adj SS	Adj EM	F	P
regressão	14	5662.63	5662.63	404.473	38.69	0.000
Linear	4	1839.54	1839.54	459.884	43.99	0.000
Quadrado	4	2040.84	2040.84	510.209	48.81	0.000
Interação	6	1782.25	1782.25	297.042	28.42	0.000
Residual Erro	16	167.25	167.25	10.453		
Falta de ajuste	10	108.16	108.16	10.816	1.10	0.475
Erro puro	6	59.09	59.09	9.848		
Total	30	5829.88				

Quadro 4.15 Análise de variância para a largura média das rebarbas

Capítulo 5: Análise paramétrica e otimização da resposta

5.1 Análise paramétrica

O efeito de várias variáveis de maquinagem, como a corrente da lâmpada, a frequência de impulsos, a largura de impulsos e a velocidade de corte nas características do microcanal foi analisado utilizando gráficos de superfície de resposta. Os gráficos foram desenhados utilizando o software MINITAB e a combinação de factores foi escolhida arbitrariamente. **5.1.1 Efeitos paramétricos na largura do microcanal:**

A largura do microcanal é uma caraterística importante do microcanal. A largura do microcanal é afetada por todos os parâmetros, como se pode ver nas figuras abaixo.

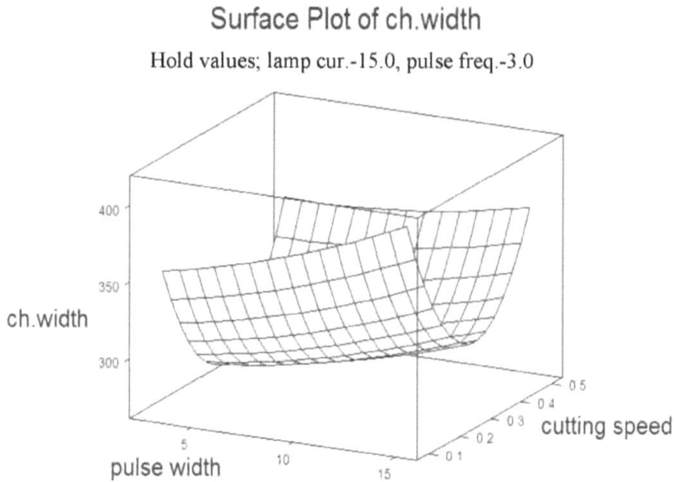

Figura 5.1 Variação da largura do canal com a largura do impulso e a velocidade de corte.

A largura do microcanal aumenta com o aumento da largura do impulso. É de notar que, a velocidades de corte mais baixas, a largura do canal aumenta mais rapidamente do que a velocidades de corte mais elevadas. Isto deve-se ao facto de, a velocidades de corte mais baixas, o tempo de interação dos feixes com a peça de trabalho ser maior, pelo que a energia transferida para a superfície é maior e, por conseguinte, a largura do canal é maior.

Pelo contrário, a largura do microcanal diminui com o aumento da frequência de impulsos a velocidades de corte mais baixas, enquanto a velocidades de corte mais elevadas aumenta com o aumento da frequência de impulsos. Uma vez que, a velocidades de corte mais baixas, a água sobre a superfície tem tempo suficiente para produzir um arrefecimento local, reduzindo assim a largura do canal, o arrefecimento local não é tão eficaz a velocidades de corte mais elevadas, pelo que o aumento da frequência de impulsos provoca a formação de uma largura maior.

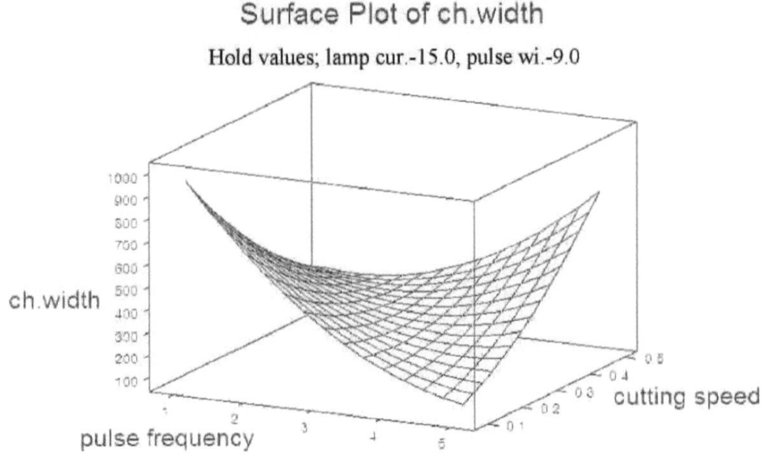

Figura 5.2 Variação da largura do canal com a frequência de impulsos e a velocidade de corte.

A variação da largura do canal com a alteração da frequência de impulsos e da largura de impulsos está representada na figura 5.3. É evidente que, com o aumento da frequência de impulsos, a largura do canal começa por diminuir e depois começa a aumentar.

Uma vez que as frequências de impulsos mais pequenas têm uma energia mais elevada, esta reduz-se com o aumento da frequência de impulsos, causando assim uma redução imediata da largura. No entanto, a uma determinada frequência de impulsos, os impulsos repetitivos tornam-se predominantes em relação à sua energia, causando assim uma melhor formação do canal com uma maior largura.

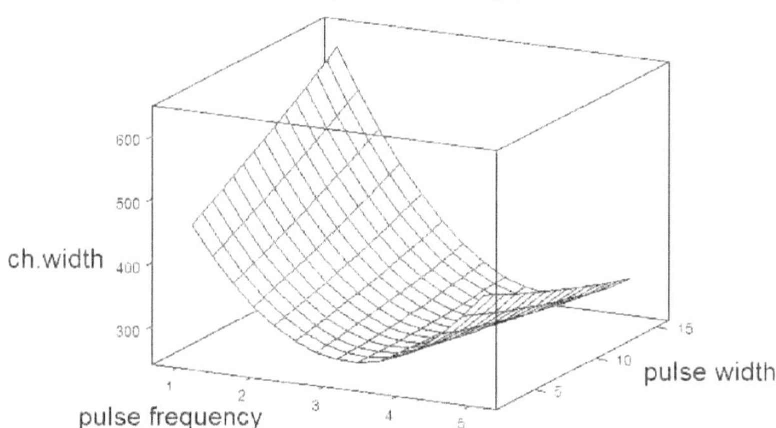

Figura 5.3 Variação da largura do canal com a frequência e a largura do impulso

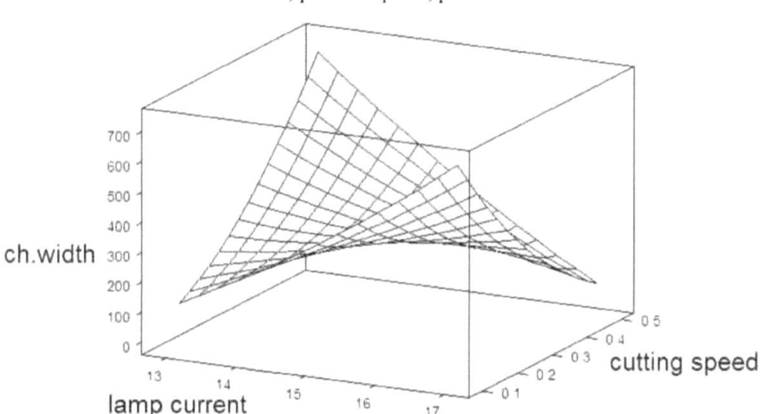

Figura 5.4 Variação da largura do canal com a corrente da lâmpada e a velocidade de corte

A largura do microcanal aumenta com o aumento da corrente da lâmpada a uma velocidade de corte inferior, mas a uma velocidade de corte superior a largura diminui. Isto deve-se ao facto de que o aumento da corrente da lâmpada provoca diretamente um aumento da potência do feixe associado, transferindo assim mais energia, mas a uma velocidade de corte mais elevada, uma vez que o tempo de interação do feixe com a superfície da peça de trabalho é menor, a quantidade de energia transferida é menor, reduzindo assim a largura do canal.

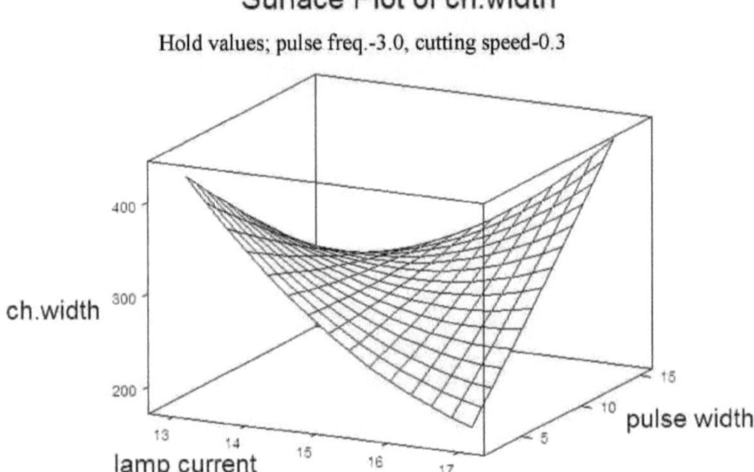

Figura 5.5 Variação da largura do canal com a corrente da lâmpada e a largura do impulso

Em larguras de impulso mais pequenas, a largura do canal diminui com o aumento da corrente da lâmpada, em comparação com o aumento em larguras de impulso mais elevadas. Isto pode ser explicado pelo facto de as larguras de impulsos mais pequenas permitirem que menos impulsos atinjam a superfície, enquanto as larguras de impulsos mais elevadas fazem com que mais feixes interajam com a superfície, produzindo assim uma maior largura de canal. De feixes a interagir com a superfície, produzindo assim uma maior largura de canal.

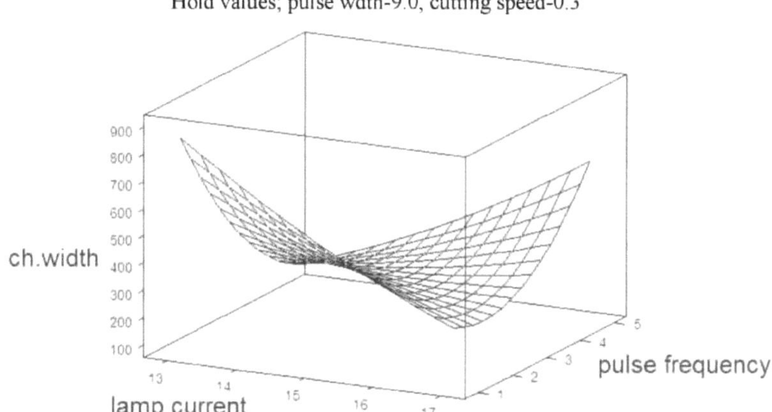

Figura 5.6 Variação da largura do canal com a corrente da lâmpada e a frequência de impulsos

Em frequências de impulsos mais baixas, a largura do canal diminui com o aumento da corrente da lâmpada, enquanto que em frequências de impulsos mais elevadas, a largura aumenta com o aumento da corrente da lâmpada. Isto deve-se ao facto de uma frequência de impulsos mais elevada resultar num canal mais uniforme na superfície devido à sobreposição dos impactos do feixe. Isto acaba por fazer com que o canal seja mais largo.

5.1.2 Efeitos paramétricos na profundidade do microcanal:

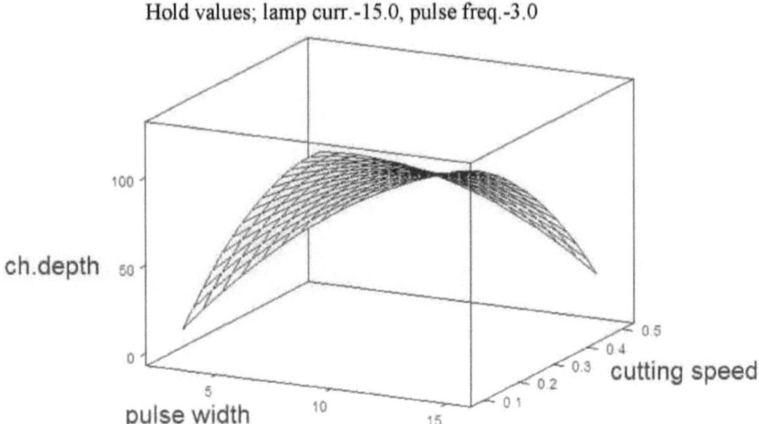

Figura 5.7 Variação da profundidade do canal com a largura do impulso e a velocidade de corte

A uma velocidade de corte mais baixa, uma vez que o tempo de interação é maior, a profundidade do microcanal aumenta com o aumento da largura do impulso, enquanto a uma velocidade de corte mais elevada, devido ao menor tempo de interação, a profundidade diminui.

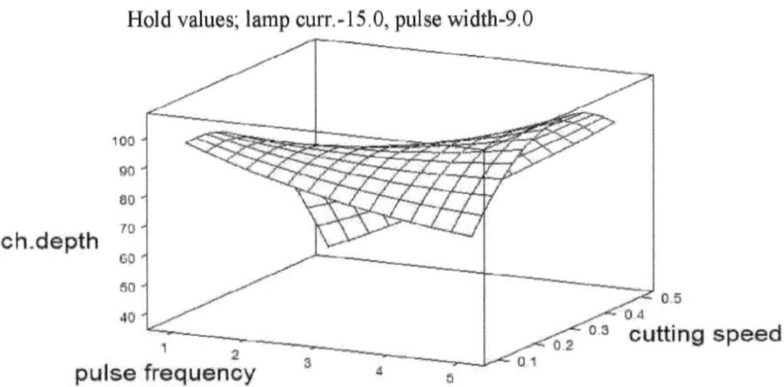

Figura 5.8 Variação da profundidade do canal com a frequência de impulsos e a velocidade de corte

A velocidades de corte mais baixas, a água sobre a superfície provoca um arrefecimento localizado que, eventualmente, resulta na redução da profundidade dos canais com o aumento da frequência, mas a velocidades de corte mais elevadas a água não tem tempo suficiente para produzir o efeito de arrefecimento, pelo que o aumento da frequência de impulsos provoca uma maior taxa de sobreposição e, assim, um aumento da profundidade do canal.

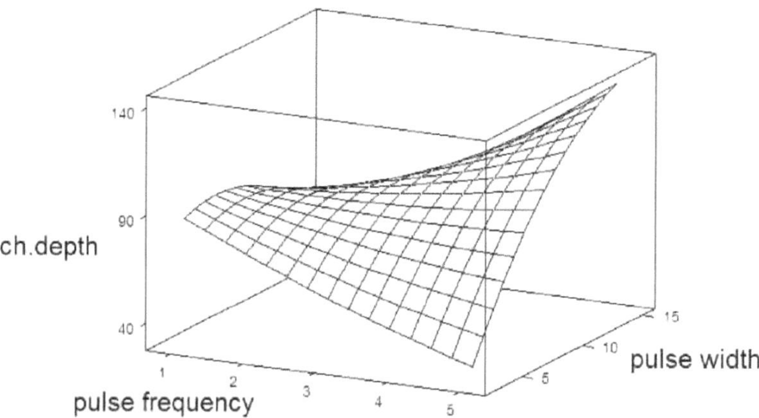

Figura 5.9 Variação da profundidade do canal com a frequência e a largura do impulso

Com uma largura de impulso inferior, a profundidade do canal diminui com o aumento da frequência de impulso, enquanto com larguras de impulso superiores a profundidade aumenta com o aumento da frequência de impulso. Isto deve-se ao facto de as larguras de impulso mais baixas fazerem com que menos feixes interajam com a superfície, pelo que a profundidade do canal diminui e vice-versa.

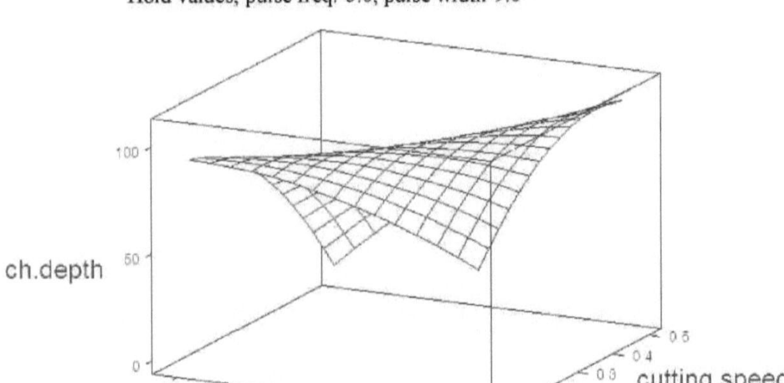

Figura 5.10 Variação da profundidade do canal com a corrente da lâmpada e a velocidade de corte A velocidades de corte mais baixas, devido ao fenómeno de arrefecimento local, o aumento da corrente da lâmpada resulta numa diminuição da profundidade média, como se mostra na figura acima. Também se deve notar que uma corrente mais elevada da lâmpada ajuda a formar uma camada de produto reativo, também chamada camada de monómero, que permanece flutuando na água, o que dificulta ainda mais a interação do feixe com a peça de trabalho. A velocidades de corte mais elevadas, o arrefecimento não é muito eficaz e o papel da camada de monómero também é negligenciável, pelo que o aumento da corrente da lâmpada provoca um aumento da profundidade do canal.

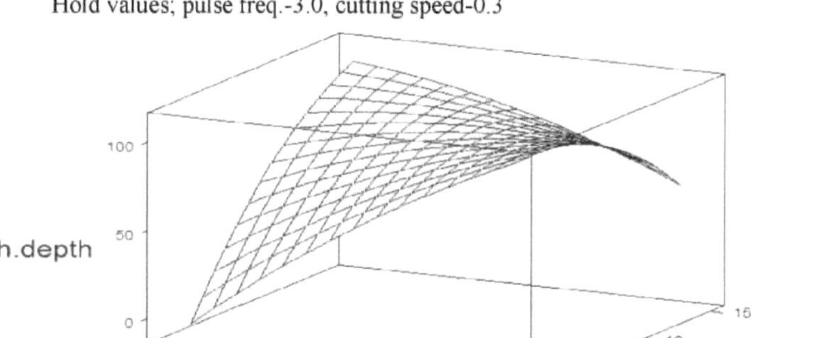

Figura 5.11 Variação da profundidade do canal com a corrente da lâmpada e a largura do impulso

Em larguras de impulso inferiores, a concentração de energia do feixe é maior do que em larguras de impulso superiores. Assim, o aumento da corrente da lâmpada resulta no aumento da profundidade do canal em larguras de impulso mais baixas, enquanto que em larguras de impulso mais elevadas, uma vez que a concentração de energia do feixe é baixa, o aumento da corrente da lâmpada resulta na redução da profundidade do canal. Devido à maior sobreposição do feixe de choque em frequências de impulso mais elevadas, a profundidade do microcanal aumenta mais rapidamente com o aumento da corrente da lâmpada do que em frequências de impulso mais baixas, como mostra a figura 5.12.

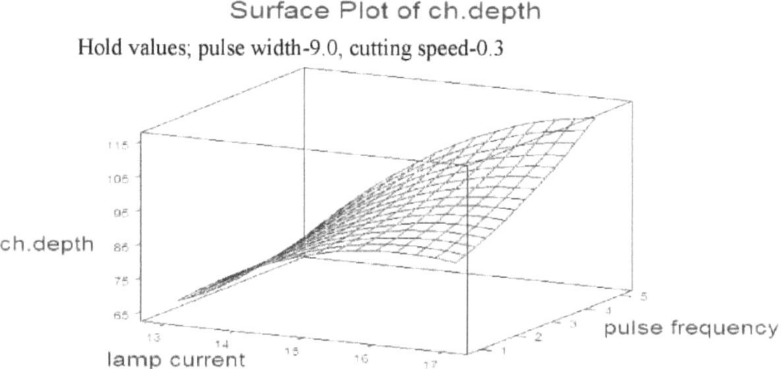

Figura 5.12 Variação da profundidade do canal com a corrente da lâmpada e

5.1.3 Efeitos paramétricos na altura da rebarba:

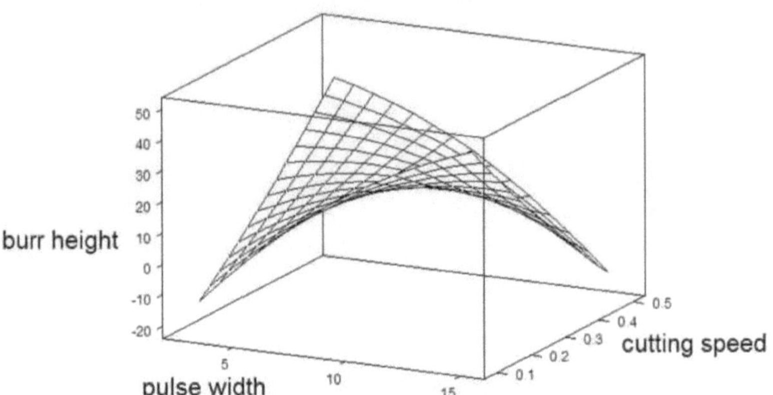

Figura 5.13 Variação da altura da rebarba com a largura do impulso e a velocidade de corte

A formação de rebarbas durante um processo de maquinagem baseado no calor é um fenómeno natural. As rebarbas provocam a formação de uma superfície ondulada e rugosa à volta do microcanal. O único objetivo do corte subaquático é reduzir estes efeitos indesejáveis do processo de microusinagem.

Como se pode ver na figura acima, a velocidades de corte mais baixas, a altura da rebarba aumenta com o aumento da largura do impulso, mas a velocidades de corte mais elevadas, a altura da rebarba diminui com o aumento da largura do impulso. Uma vez que as velocidades de corte mais pequenas permitem a interação do feixe com a superfície da peça de trabalho durante mais tempo, contribuindo assim para a formação de camadas de monómero que flutuam na água. Esta camada de monómero aprisionada provoca a dispersão do calor à volta do canal de forma não uniforme, contribuindo assim para a formação de rebarbas à volta do canal. A velocidades de corte mais elevadas, devido ao papel ineficaz dos monómeros, o calor permanece concentrado, o que resulta na redução da formação de rebarbas.

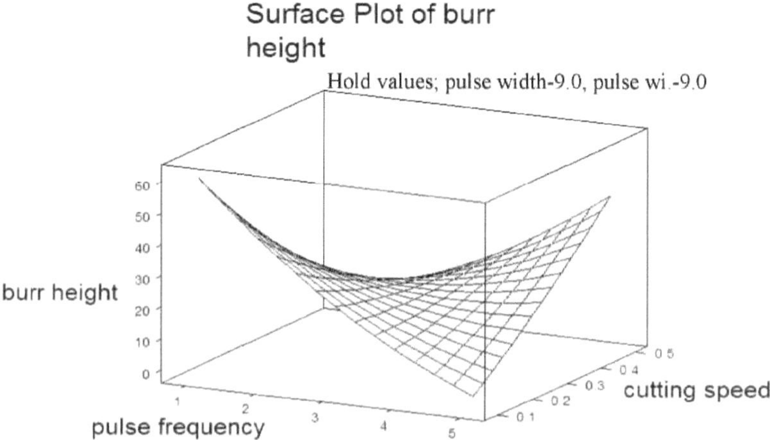

Figura 5.14 Variação da altura da rebarba com a frequência de impulsos e a velocidade de corte Uma frequência de impulsos elevada provoca uma melhor sobreposição dos feixes, reduzindo assim a dispersão de calor no canal. Isto resulta numa menor taxa de formação de rebarbas, mas a uma velocidade de corte mais elevada, uma vez que o tempo de interação é menor, a sobreposição não é muito eficaz, resultando em canais não uniformes. O calor desloca-se em direção à superfície para se igualar, dando assim origem à formação de rebarbas.

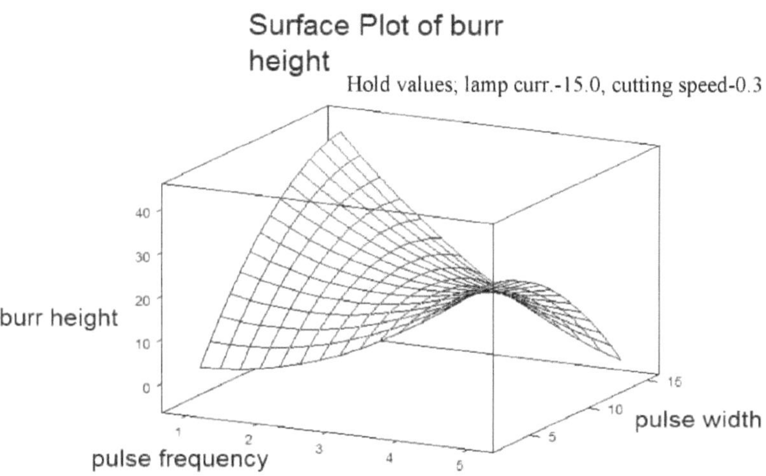

Figura 5.15 Variação da altura da rebarba com a frequência e a largura do

impulso

Em larguras de impulso mais baixas, a altura da rebarba aumenta com o
aumento da frequência de impulso, porque em larguras de impulso mais
baixas os feixes altamente concentrados fornecem mais energia

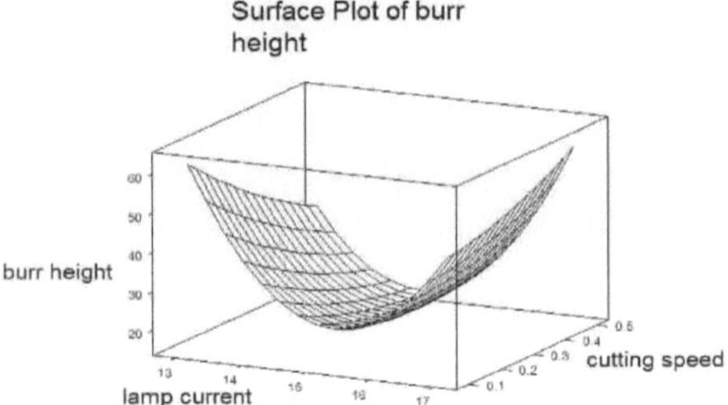

a altas frequências.

Figura 5.16 Variação da altura das rebarbas com a corrente da lâmpada e a
velocidade de corte

Com o aumento da corrente da lâmpada, a altura da rebarba começa por
diminuir antes de aumentar a uma taxa mais elevada. A velocidades de corte
mais elevadas, o aumento posterior dá-se mais rapidamente.

Isto pode ser explicado porque o aumento da corrente da lâmpada faz com
que mais energia seja transferida para a superfície e, a uma determinada
corrente da lâmpada, as camadas de monómero tornam-se um verdadeiro
obstáculo aos feixes de luz e provocam a dispersão do calor. Na figura acima,
com uma corrente de lâmpada de 15-16 ampères, as camadas de monómero
tornam-se suficientemente fortes para provocar a dispersão do calor.

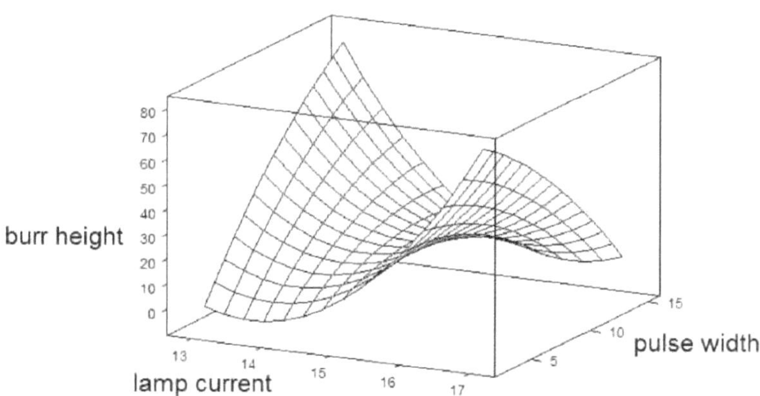

Figura 5.17 Variação da altura das rebarbas com a corrente da lâmpada e a largura do impulso

O mesmo fenómeno ocorre quando a altura da rebarba varia com a corrente da lâmpada em larguras de impulso mais baixas, mas em larguras de impulso mais elevadas a energia está menos concentrada nos feixes, pelo que menos energia dá menos formação de rebarbas.

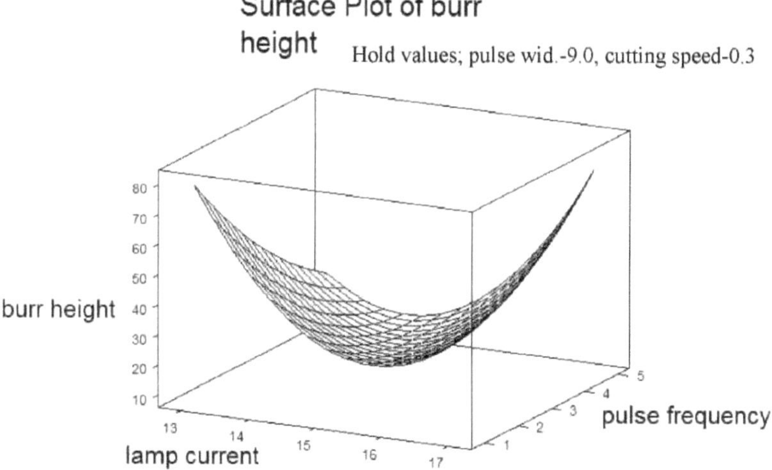

Figura 5.18 Variação da altura das rebarbas com a corrente da lâmpada e a frequência de impulsos

Com frequências de impulso mais elevadas, a formação de rebarbas sobe e desce mais rapidamente, como se pode ver na figura acima.

5.1.4 Efeitos paramétricos na largura da rebarba:

A largura das rebarbas é também um parâmetro importante que determina efetivamente a limpeza de todo o processo. Uma largura de rebarba mais curta indica que o processo é melhor do que outros processos e também proporciona fiabilidade na construção de outro canal na proximidade do canal criado.

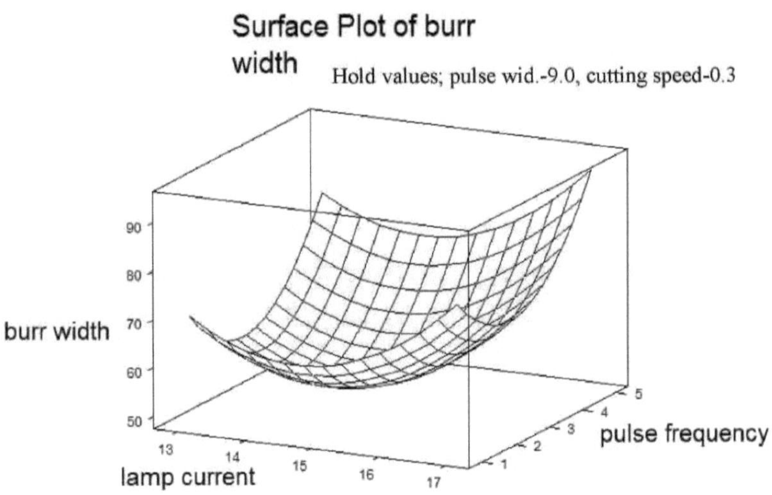

Figura 5.19 Variação da largura da rebarba com a corrente da lâmpada e a frequência de impulsos Com um aumento da corrente da lâmpada, a largura da rebarba diminui ligeiramente antes de aumentar rapidamente. Com frequências de impulso mais elevadas, a largura aumenta muito rapidamente. Isto pode ser explicado pelo facto de uma corrente mais elevada da lâmpada fornecer mais energia, pelo que se formam mais produtos reactivos. Estes produtos reactivos formaram uma camada na água. Quanto maior for a corrente, maior será a taxa de formação da camada. Esta camada provoca a dispersão do feixe laser à volta do canal, resultando assim na formação de uma maior largura da rebarba.

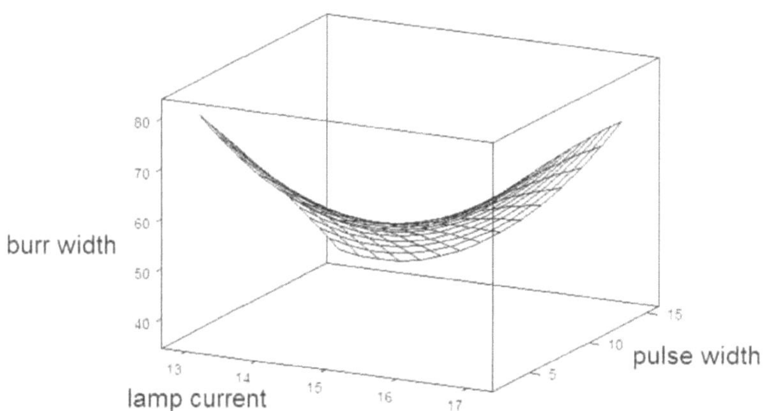

Figura 5.20 Variação da largura da rebarba com a corrente da lâmpada e a largura do impulso

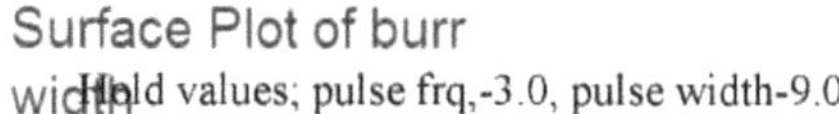
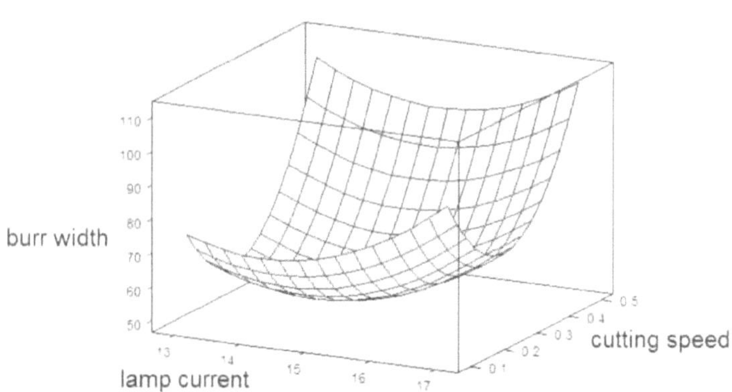

Figura 5.21 Variação da largura das rebarbas com a corrente da lâmpada e a velocidade de corte

A uma velocidade de corte mais baixa, a largura da rebarba aumenta com o aumento da velocidade de corte, enquanto a velocidades de corte mais elevadas a largura da rebarba é muito elevada e começa por diminuir ligeiramente antes de aumentar de forma semelhante. Uma vez que a velocidades de corte mais elevadas o tempo de interação é menor, o efeito de arrefecimento local não é muito eficaz, pelo que a formação de rebarbas e a sua extensão são maiores.

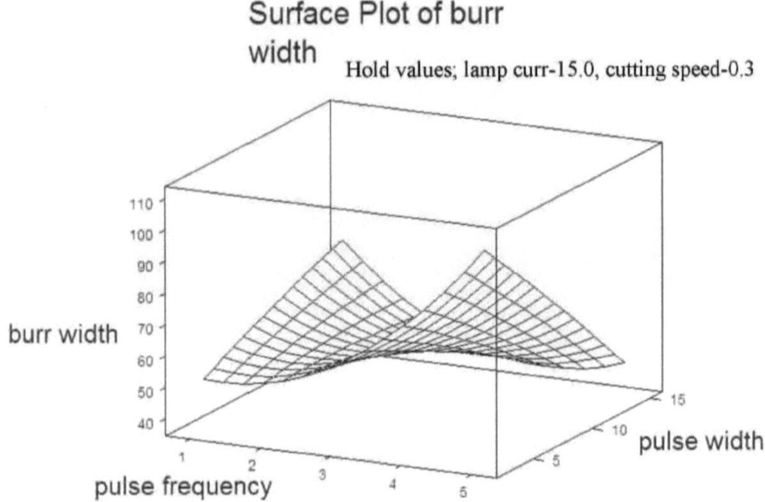

Figura 5.22 Variação da largura da rebarba com a frequência de impulsos e a frequência de impulsos

Em larguras de impulso mais baixas, a largura das rebarbas aumenta com o aumento da frequência de impulso, mas em larguras de impulso elevadas a largura das rebarbas diminui com o aumento da frequência de impulso.

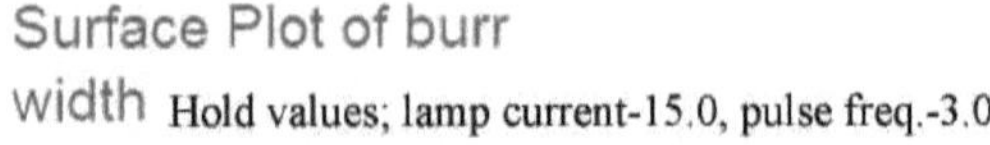

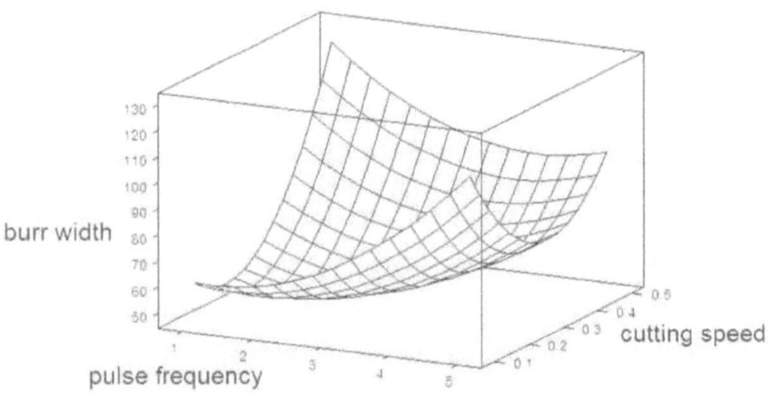

Figura 5.23 Variação da largura da rebarba com a frequência de impulsos e a velocidade de corte.

A velocidades de corte mais baixas, devido ao papel efetivo das camadas de monómero, a largura da rebarba aumenta com o aumento da frequência de impulsos, mas a velocidades de corte mais elevadas diminui com o aumento da frequência de impulsos.

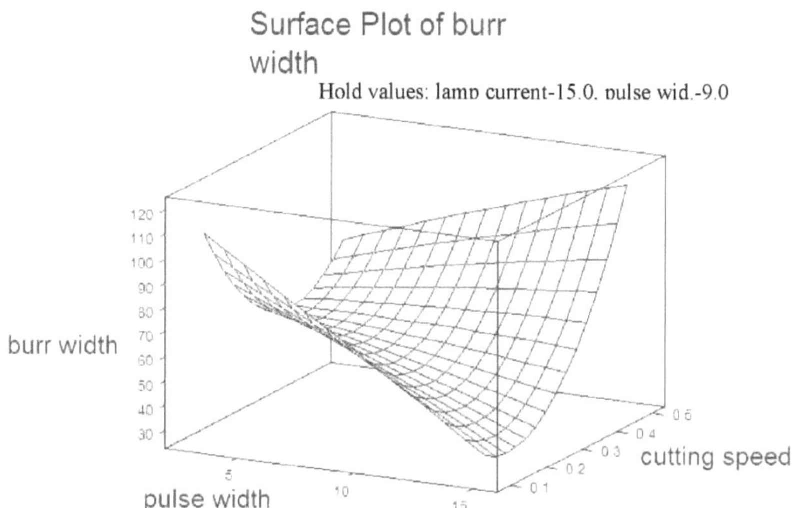

Figura 5.24 Variação da largura da rebarba com a largura do impulso e a velocidade de corte.

A velocidades de corte inferiores, a largura das rebarbas diminui com o aumento da largura do impulso, mas a velocidades de corte superiores aumenta com o aumento da largura do impulso. Isto pode ser explicado porque, a velocidades de corte mais baixas, o arrefecimento local ocorre de forma muito eficaz e, à medida que a largura do impulso aumenta, os feixes contêm menos energia, pelo que a largura das rebarbas diminui, mas a velocidades de corte mais elevadas o arrefecimento local não ocorre de forma muito eficaz, pelo que a largura das rebarbas aumenta.

5.2 Análise de otimização

5.2.1 Análise de otimização de objetivo único:

A fim de encontrar os valores óptimos das diferentes respostas, estas foram optimizadas utilizando o optimizador de respostas.

A largura do canal tem de ser minimizada para obter um rácio de aspeto mais elevado.

A profundidade do canal tem de ser maximizada.

A altura da rebarba tem de ser minimizada.

A largura da rebarba tem de ser minimizada.

O software MINITAB foi utilizado para encontrar os valores óptimos separadamente para cada resposta, ou seja, a otimização de um único objetivo.

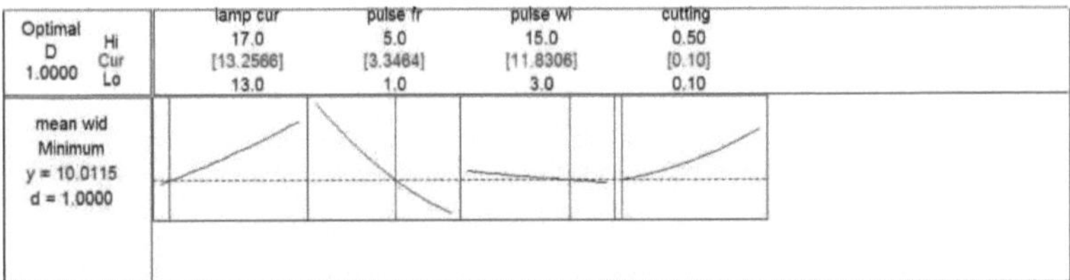

Figura 5.25 Resultado da otimização da largura do canal

A partir da figura acima, as condições óptimas para obter a largura mínima do canal (10,0115) são as seguintes

Corrente da lâmpada=13,2566, frequência de impulsos=3,3464, largura de impulsos=11,8306 e velocidade de corte=0,1

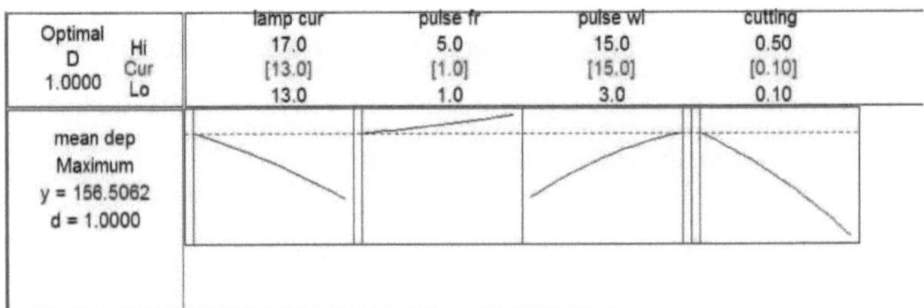

Figura 5.26 Resultado da otimização da profundidade do canal

A partir da figura acima, as condições óptimas para obter a profundidade máxima do canal (156,5062) são as seguintes

Corrente da lâmpada=13,

frequência de impulsos=1,

largura de impulso=15 e velocidade de corte=0,1

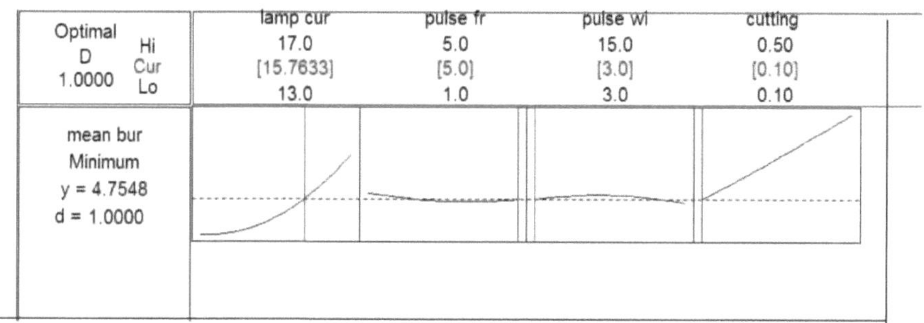

Figura 5.27 Resultado da otimização da altura das rebarbas

A partir da figura acima, as condições óptimas para obter uma altura mínima de rebarba (4,7548) são as seguintes

Corrente da lâmpada=15,7633,

frequência de impulsos=5.0,

largura do impulso=3,0 e velocidade de corte=0,1

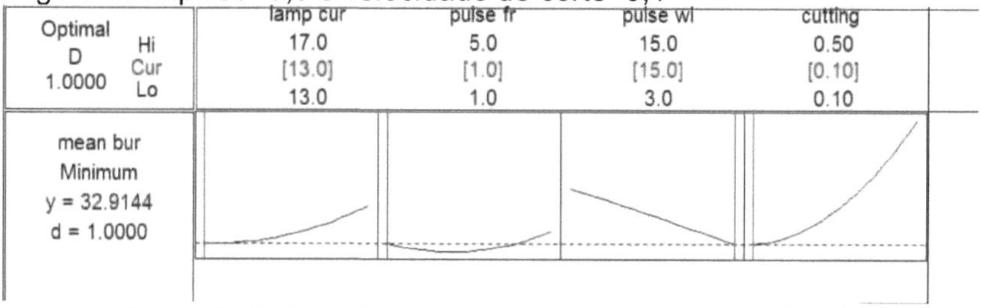

Figura 5.28 Resultado da otimização da largura da rebarba

A partir da figura acima, as condições óptimas para obter uma largura mínima de rebarba (32,9144) são as seguintes

Corrente da lâmpada=13,

frequência de impulsos=1.0,

largura do impulso=15.0 e

velocidade de corte=0,1

5.2.2 Análise de otimização multiobjectivo:

A análise de otimização multi-resposta para a operação de microcanalização subaquática foi realizada utilizando o software MINITAB e os resultados da otimização são apresentados na figura seguinte.

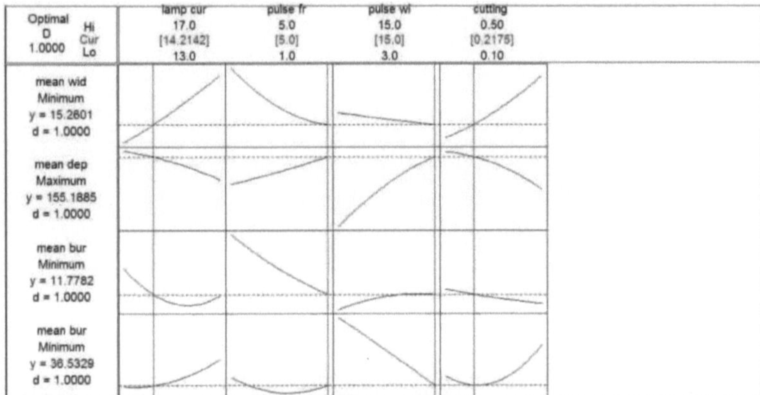

Figura 5.29 Resultados da otimização múltipla para todas as respostas
Todas as respostas foram optimizadas para obter os melhores resultados. Na figura acima, cada coluna do gráfico corresponde a um fator. Cada linha do gráfico corresponde a uma variável de resposta. Cada célula do gráfico mostra como uma das variáveis de resposta muda em função de um dos factores, enquanto todos os outros factores permanecem fixos. Os números apresentados no topo da coluna mostram as definições actuais do nível do fator e os níveis alto e baixo dos factores.

À esquerda de cada linha, são apresentados o objetivo da resposta, a resposta prevista, y, nas definições actuais dos factores, e a pontuação de desejabilidade individual. Assim, para obter a resposta mais optimizada, os parâmetros e os valores da resposta são os seguintes

Corrente da lâmpada=14,2142,

Frequência de impulsos=5,

Largura de pulso=15,

Velocidade de corte=0,2175

E os valores de resposta são;

Largura do canal= 15.2601 ,

Profundidade do canal = 155,1885,

Altura da rebarba = 11,7782,

Largura da rebarba= 36,5329

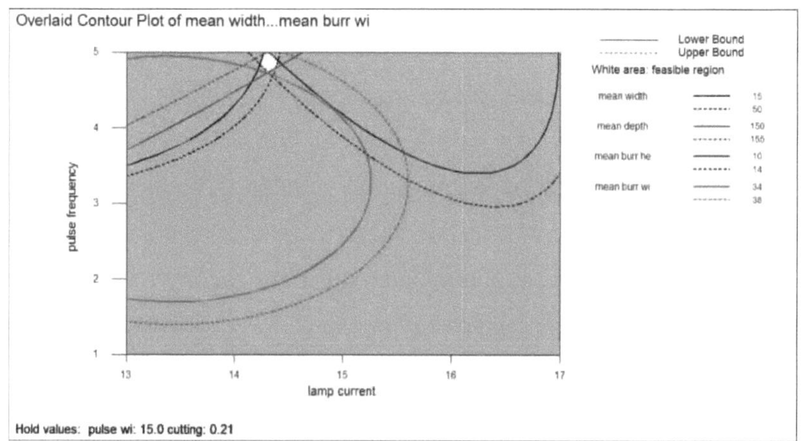

Fig 5.30 Gráfico de contorno de sobreposição

O gráfico de contorno sobreposto é uma forma eficiente de representar os valores óptimos dos factores de entrada para obter o resultado desejado. Na figura acima, a zona branca expressa a região de otimização. A zona branca corresponde aos valores da corrente da lâmpada ligeiramente superiores a 14 e à frequência de impulsos próxima de 5, mantendo os valores da velocidade de corte e da largura de impulsos em 0,21 e 15, respetivamente. O gráfico acima também justifica os valores óptimos dos factores de entrada.

Capítulo 6: Conclusão geral

É difícil fabricar microcanais 3D utilizando tecnologias de microfabricação convencionais, como a fotolitografia e a gravação. As múltiplas etapas de exposição e alinhamento exigidas pelas técnicas convencionais limitam frequentemente a flexibilidade e a dimensão do fabrico. O laser Nd:YAG pulsado em condições subaquáticas tem sido utilizado com sucesso para produzir microcanais para aplicações microfluídicas e outras. A partir da investigação e análise experimental aprofundadas, é evidente que a micro-canalização a laser Nd:YAG em condições subaquáticas é um processo eficaz. O processamento a laser subaquático minimiza a zona afetada pelo calor e a formação de rebarbas de uma forma eficaz.

A micro-canalização no corte subaquático é um processo muito mais limpo e eficaz do que o corte em condições de ar assistido. A zona afetada pelo calor em condições de corte ao ar livre é muito larga e também os bordos do microcanal não são afiados nem rectos, em comparação com as condições de corte subaquático.

Esta investigação foi realizada para descobrir a influência de vários parâmetros de processo no processo de microcanalização subaquática. Os parâmetros de entrada básicos que foram estudados são a corrente da lâmpada, a frequência de impulsos, a largura de impulsos e a velocidade de corte, enquanto a resposta que foi tida em consideração é a largura do canal, a profundidade do canal, a largura e a altura da rebarba.

Com base nos resultados obtidos, podem ser tiradas as seguintes conclusões:

(i) Foi efectuado um estudo aprofundado da operação de micro-maquinação a laser subaquática, que se revelou muito eficaz para a formação de microcanais.

(ii) Entre os vários materiais, o PMMA foi considerado adequado para aplicações microfluídicas e outras. Por conseguinte, o PMMA foi selecionado para a presente investigação experimental.

(iii) O dispositivo de fixação desenvolvido foi utilizado de forma adequada na operação de micro-usinagem a laser subaquática.

(iv) Foi efectuado um planeamento experimental adequado com base na Metodologia de Superfície de Resposta (RSM) para realizar a análise de modo a obter os microcanais desejados.

(v) Foi desenvolvida uma modelação matemática para diferentes respostas e a adequação do modelo foi verificada por uma análise ANOVA subsequente.

(vi) A frequência de impulsos e a corrente da lâmpada foram os factores mais importantes que influenciaram a largura do microcanal. Embora a frequência de impulsos seja predominante.

(vii) Verificou-se que a corrente da lâmpada e a largura do impulso são factores que influenciam predominantemente a profundidade do microcanal.

(viii) A frequência e a largura dos impulsos são os factores dominantes que influenciam a altura das rebarbas.

(ix) A velocidade de corte e a largura de impulso são os factores que mais influenciam a largura das rebarbas.

(x) A otimização das diferentes respostas foi feita individualmente, bem como a consideração de todas as respostas em conjunto.

(xi) A dimensão desejada do microcanal também pode ser obtida com a ajuda do modelo matemático desenvolvido, que pode ser utilizado diretamente para a aplicação industrial.

(xii) Acaba por poupar tempo na criação de microcanais limpos numa única passagem.

(xiii) Uma vez que se trata de um processo sem contacto, oferece maior flexibilidade de conceção.

6.1 Âmbito futuro da investigação

Esta investigação pode ainda ser alargada para as seguintes investigações adicionais:

1. O processamento multipasse pode ser utilizado para obter um rácio de aspeto mais elevado em microcanais

2. O papel do nível da água tem de ser investigado em várias respostas que foram mantidas constantes no presente trabalho de investigação.

3. Podem ser efectuados mais estudos sobre a utilização de vários outros tipos de líquidos para formar microcanais, como soluções salinas, etc.

4. O efeito da água corrente pode ser estudado em relação à água parada.

5. A análise da transferência de calor do corte a laser subaquático pode ser benéfica para determinar o fluxo de calor no interior da peça de trabalho.

Referências

[1]. Malek Khan, C.G., Laser processing for bio-microfluidics applications, Anal Bioanal Chem (2006) 385: 1362-1369

[2]. Heng Qi, Tao Chen, Tie-chuan Zuo, análise da rugosidade da superfície e melhoria do canal microfluídico com excimer laser, Microfluid Nanofluid (2006) 2: 357-360

[3]. Masmiati N, Philip P K, investigação sobre a perfuração por percussão a laser de alguns polímeros termoplásticos, jornal de Tecnologia de Processamento de Materiais 185; (2007) ,198-203

[4]. Lim Daniel, Kamotani Yoko, Cho Brenda, Majumdar Jyotirmoy, Takayama Shuichi, fabrico de misturadores microfluídicos e vasculaturas artificiais utilizando um método de escrita direta com laser Nd:YAG bombeado por díodo de alto brilho, Lab Chip, 2003, 3, 318-323

[5]. Choudhury I A, Shirley S, Corte a laser de materiais poliméricos: An experimental investigation, Optics & Laser Technology; 42 (2010) 503-508

[6]. Tiaw K S, Hong M H, Teoh S H, Precision laser micro-processing of polymers, Journal of Alloys and Compounds 449 (2008) 228-231

[7]. Chen Tai-Chang, Darling B R, Laser micromachining of the materials using in microfluidics by high precision pulsed near and mid-ultraviolet Nd: YAG lasers, Journal of Materials Processing Technology 198 (2008) 248253

[8]. Singh Ramesh, Melkote S N, Characterization of a hybrid laser assisted mechanical micromachining (LAMM) process for a difficult-to-machine material, International journal of Machine Tools & manufacture 47 (2007) 1139-1150

[9]. Tunna L, Kearns A, O'Neil W, Sutcliffe C J, Micromachining of copper using laser radiation at 1064, 532, and 355 nm wavelengths, Optics & Laser Technology 33 (2001) 135-143

[10]. Samant A N, Dahotre N B, An integrated computational approach to single-dimensional laser machining of magnesia, Optics and Lasers in Engineering 47 (2009) 570-577

[11]. Biswas R, Kuar A S, Sarkar S, Mitra S, A parametric study of pulsed Nd:YAG laser micro-drilling of gamma-titanium aluminide, Optics & Laser Technology 42 (2010) 23-31

[12]. Stournaras A, Stavropoulos P, Salomitisk, Chryssolouris G., An investigation of quality in CO_2 laser cutting of aluminium, CIRP journal of Manufacturing Science & Technology 2 (2009) 61-69

[13]. Karazi S M, Issa A, Brabazon D, Comparação de RNA e DoE para a

previsão da dimensão de micro-canais fabricados a laser, Optics and Lasers in Engineering 47 (2009) 956-964

[14]. Yang S H, Natarajan U, Multi-objective optimization of cutting parameters in turning process using differential evolution and non-dominated sorting genetic algorithm-II approaches, Int J Adv Manuf Technol (2010) 49:773784

[15]. Illy E, Rutherford G, Bell A, Knowles M (2003) Laser processing of microfluidic components and bioMEMS. Proc SPIE 4982:130-137

[16]. Samant A N, Dahotre N B, Computational predictions in singledimensional laser machining of alumina, International Journal of Machine Tools & manufacture 48 (2008) 1345-1353

[17]. Elaboudi I, Lazare S, Belin C, Talaga D, Labrugere C, Underwater excimer laser ablation of polymers, Appl Phys A (2008) 92: 743-748

[18]. Issa A, Brabazon D, Hashmi M S J, 3D transient thermal modelling of laser microchannel fabrication   inlime-sodaglass ,   JOURNAL OF
TECNOLOGIA DE PROCESSAMENTO DE MATERIAIS, 207 (2008) 307-314

[19]. Xiang Hengfu, Fu Jianzhong, Chen Z, 3D Finite Element Modeling of Laser Machining PMMA, Actas da 1st Conferência Internacional do IEEE sobre Sistemas Nano/Micro-Engenharia e Moleculares 18-21 de janeiro de 2006, Zhuhai, China

[20]. Karazi S M, Brabazon D, Analysis and prediction of dimensions and cost of laser micro-machining internal channel fabrication process, EPJ Web of Conferences 6, 25002 (2010)

[21]. Choo K L, Ogawa Y, Kanbargi G , Otra V , Raff L M , Komanduri R , Micromachining of silicon by short-pulse laser ablation in air and under water, Materials Science and Engineering A 372 (2004) 145-162

[22]. Chung C K, Lin S L, microfissuras a laser de CO2 em furos de vidro Pyrex7740, International Journal of Machine Tools & Manufacture 50 (2010) 961-968

[23]. Kruusing A, Underwater and water-assisted laser processing: Parte 1 - características gerais, limpeza a vapor e processamento por choque, Optics and Lasers in Engineering 41 (2004) 307-327

[24]. Kruusing A, Underwater and water-assisted laser processing: Part 2- Etching, cutting and rarely used methods, Optics and Lasers in

Engineering 41 (2004) 329-352

[25]. L.M. Wee L M, Ng E Y K, Prathama A H, Zheng H, Micro-usinagem de pastilha de silício no ar e debaixo de água, Optics & Laser Technology 43 (2011) 62-71

[26]. Klank H, Kutter JP, Geschke O (2002) CO2 laser micromachining and back-end processing for rapid production of PMMA-based microfluidic systems. Lab On A Chip 2(4):242-247

[27]. Snakenborg D, Klank H, Kutter JP (2004) Microstructure fabrication with a CO2 laser system. J Micromech Microeng 14:182-189

[28]. Grasegger JM. Rapid prototyping of microfluidic structures with Nd: YAG-laser-ablation. Reichl H, Obermeier E, editores. Micro System Technologies 98, 6th International Conference on Micro Electro, Opto, Mechanical Systems and Components, December 1-3, 1998, Potsdam, Berlin,
Offenbach: VDE-Verlag GmbH, 1998. p. 439-44.

[29]. Jensen MF, McCormack JE, Helbo B, Christensen LH, Christensen TR, Geschke O (2004) Rapid prototyping of polymer microsystems via excimer laser ablation of polymeric moulds. Lab-on-Chip 4:391-395

[30]. Liu Y, Rauch CB, Stevens RL, Lenigk R, Yang J, Rhine DB, Grozinski P (2002) Ensaios de amplificação e hibridação de ADN em dispositivos monolíticos de plástico integrados. Anal Chem 74:3063-3070

[31]. Cheng J-Y, Wei CW, Hsu K-H, Young T-H (2004) Direct-write laser micromachining and universal surface modification of PMMA for device development. Sens Actuators B99:186-196

[32]. Wang S-C, Lee C-Y, Chen H-P (2005) Thermoplastic microchannel fabrication using carbon dioxide laser ablation. J Chromatogr A 1111(2):252-257

[33]. Lichtenberg J, Baltes H (2004) Lowcost, chemically resistant microreactors fabricated by laser micromachining in stainless steel. Proc 8th Int conf on miniaturized systems for chemistry and life sciences, 26-30 de setembro, Malmo, Suécia, pp 351-353

[34]. Elmes S, Pearson J, Moore DF, Rutterford GA, Bell AI, Rivara N, Knowles MHR (2001) Laser machining of micro reservoir pins for gene analysis and high-throughput screening. Proc laser microfabrication conf (ICALEO), Flórida, EUA, 15-18 de outubro de 2001, pp 1-10

[35]. Ageev VA. Estudo da erosão ligeira de metais em líquidos. Zh Prikl Spektrosk 1975; 23(1):42-6.

[36]. Sano Y, Mukai N, Okazaki K, Obata M. Melhoria da tensão residual na superfície metálica por irradiação laser subaquática. Nuclear Instruments and Methods in Physics Research Section B: Beam Interactions with Materials and Atoms 1997; 121:432-6.

[37]. Amer MS, Dosser L, Leclair S, Maguire JF. Induced stresses and structural changes in silicon wafers as a result of laser micro-machining. Applied Surface Science 2002; 187:291-6.

[38]. Zhu S, Lu YF, Hong MJ, Chen XY. Ablação por laser de substratos sólidos em água e ar ambiente. Journal of Applied Physics 2001; 89:2400-3.

[39]. Yoo JH, Jeong SH, Grief R, Russo RE. Mudança explosiva nas propriedades da cratera durante a ablação de silício por laser de nanossegundos de alta potência. Journal of Applied Physics 2000; 88:1638-49.

[40]. Dupont A, Caminat P, Bournot P. Melhoria da ablação de material utilizando   impulsos laser de 248, 308, 532,   1064 nm com uma película de água sobre o material tratado
superfície. Journal of Applied Physics 1995; 78:2022-8.

[41]. Imen K, Lee SJ, Allen SD. Remoção de partículas à escala micrónica assistida por laser.
Applied Physics Letters 1991; 58:203-5.

I want morebooks!

Buy your books fast and straightforward online - at one of world's fastest growing online book stores! Environmentally sound due to Print-on-Demand technologies.

Buy your books online at
www.morebooks.shop

Compre os seus livros mais rápido e diretamente na internet, em uma das livrarias on-line com o maior crescimento no mundo! Produção que protege o meio ambiente através das tecnologias de impressão sob demanda.

Compre os seus livros on-line em
www.morebooks.shop

info@omniscriptum.com
www.omniscriptum.com

MIX
Papier aus verantwortungsvollen Quellen
Paper from responsible sources
FSC® C105338

Printed by Books on Demand GmbH, Norderstedt / Germany